AF827749

Einfluss der Montagestruktur auf die Leistungsentwicklung manueller Montagesysteme

Von der Fakultät für Maschinenwesen
der Rheinisch-Westfälischen Technischen Hochschule Aachen
zur Erlangung des akademischen Grades eines
Doktors der Ingenieurwissenschaften
genehmigte Dissertation

vorgelegt von

Till Franz-Josef Potente

Berichter:

Univ.-Prof. Dr.-Ing. Dipl.-Wirt. Ing. Günther Schuh
Univ.-Prof. Dr.-Ing. Robert Schmitt

Tag der mündlichen Prüfung: 19. Mai 2014

ERGEBNISSE AUS DER PRODUKTIONSTECHNIK

Till Potente

Einfluss der Montagestruktur auf die Leistungsentwicklung manueller Montagesysteme

Herausgeber:
Prof. Dr.-Ing. Dr.-Ing. E.h. Dr. h.c. Dr. h.c. F. Klocke
Prof. Dr.-Ing. Dipl.-Wirt.Ing. G. Schuh
Prof. Dr.-Ing. C. Brecher
Prof. Dr.-Ing. R. H. Schmitt

Band 26/2014

WZL RWTHAACHEN

Fraunhofer IPT

Bibliografische Information der Deutschen Nationalbibliothek
Die Deutsche Nationalbibliothek verzeichnet diese Publikation in der Deutschen Nationalbibliografie; detaillierte bibliografische Daten sind im Internet über http://dnb.ddb.de abrufbar.

Till Potente:

Einfluss der Montagestruktur auf die Leistungsentwicklung manueller Montagesysteme

1. Auflage, 2014

Gedruckt auf holz- und säurefreiem Papier, 100% chlorfrei gebleicht.

Apprimus Verlag, Aachen, 2014
Wissenschaftsverlag des Instituts für Industriekommunikation und Fachmedien an der RWTH Aachen
Steinbachstr. 25, 52074 Aachen
Internet: www.apprimus-verlag.de, E-Mail: info@apprimus-verlag.de

Druck: KN Digital Printforce GmbH, Stuttgart

ISBN 978-3-86359-225-7

D 82 (Diss. RWTH Aachen University, 2014)

Für meine Mutter Angelika

und meinen Vater Franz-Josef Potente

Vorwort

Die vorliegende Arbeit entstand während meiner wissenschaftlichen Tätigkeit am Lehrstuhl für Produktionssystematik des Werkzeugmaschinenlabors (WZL) der RWTH Aachen. Sie ist Resultat des intensiven Industriebezugs der täglichen Arbeit am Institut und der weitreichenden Möglichkeiten, die Forschung mit Fragestellungen von praktischer Relevanz zu konfrontieren.

Herrn Prof. Dr.-Ing. Dipl.-Wirt. Ing. Günther Schuh, Inhaber des Lehrstuhls Produktionssystematik, danke ich für die Ermöglichung und Betreuung der Arbeit. Ebenso danke ich Herrn Prof. Dr.-Ing. habil. Peter Nyhuis, Leiter des Instituts für Fabrikanlagen und Logistik am Produktionstechnischen Zentrum Hannover, für die eingehende Durchsicht des Manuskripts und die Übernahme des Koreferats.

Die deutsche Forschungsgemeinschaft (DFG) hat einen Teil der zugrunde liegenden Forschungsarbeiten im Rahmen des Exzellenzclusters „Integrative Produktionstechnik für Hochlohnländer" gefördert. Der DFG sowie allen beteiligten Unternehmen und Instituten und ihren Mitarbeitern gilt mein aufrichtiger Dank für ihre Unterstützung.

Für ihren Anteil an der Erstellung dieser Arbeit danke ich meinen studentischen Mitarbeitern und Studienarbeitern, ganz besonders Jochen Hansen, Dino Hardjosuwito, Pia Walendzik, Hong Wa Poon, Sarah Kolder, Tim Ellringmann, Hauke Pelzer und Frederik Noll.

Meinen derzeitigen und ehemaligen Kolleginnen und Kollegen des Lehrstuhls für Produktionssystematik danke ich für zahlreiche anregende Diskussionen und Ratschläge. Besonderen Dank möchte ich Dr.-Ing. Sebastian Gottschalk, Dr.-Ing. Tim Höhne, Carlo Hausberg, Christiane Müller, Astrid Stollwerk, Olga Wolf, Dr.-psych. Sarah Hatfield, Dr.-Ing. Richard Zunke, und Dr.-Ing. Markus Bergholz aussprechen.

Meiner Mutter und meinem Vater möchte ich an dieser Stelle meinen großen Dank aussprechen, dass sie meine Ausbildung und meinen beruflichen Werdegang ermöglicht und mit großem Interesse begleitet haben.

Für ihre vielen konzeptionellen Anregungen, die gemeinsamen inhaltlichen Diskussionen und ihre motivierende Unterstützung während der Erstellung dieser Arbeit danke ich meiner Frau Cathrin Wesch-Potente, ohne die diese Arbeit nicht möglich gewesen wäre.

Aachen, im Dezember 2013

Till Franz-Josef Potente

Inhaltsverzeichnis

Verzeichnis der Abbildungen

Verzeichnis der Tabellen

Verzeichnis der Formeln

Verzeichnis der Abkürzungen

Allgemeine Abkürzungen

Bsp.	Beispiel
DES	Discrete Event Simulation (deutsch: „ereignisorientierte Simulation“)
DFG	Deutsche Forschungsgemeinschaft
d.h.	das heißt
DNA	desoxyribonucleic acid (deutsch: „Desoxyribonukleinsäure“)
dt.	deutsch
el.	elektrisch
etc.	et cetera
h	hours (deutsch: Stunden)
KVP	Kontinuierlicher Verbesserungsprozess
MTA	Motion Time Analysis
MTM	Methods Time Measurement
opt.	optional
Refa	Reichsausschuß für Arbeitszeitermittlung
VDI	Verein Deutscher Ingenieure
VDMA	Verband Deutscher Maschinen- und Anlagenbau
WF	Work Factor

Formelzeichen

In den Formeln werden die Variablen in der mathematischen Schreibweise mit tief gestellten Indizes verwendet (bsp. t_M). Im Text wird dagegen eine Schreibweise mit Unterstrichen für tief gestellte Indizes verwendet (bsp. t_M).

Formelzeichen	Kapitel	Erklärung
a	4.2	Asymptote von R_p
a	6	Feldkonstante des Erwartungsfeldes
a	6.1.3	Ausbreitungsfaktor
b	6	Asymptotenkonstante der Lernkurve
B	6.1.3	Magnetische Feldstärke
c	5.5	Elastizitätsfaktor der Montage
c	6.1.3	El. Kapazität
Delta t_M	5.7	Beobachtete Veränderung der Montagezeit
Delta t_M,g	6.1.6	Differenz von t_E und t_M,g
Delta t_v	6.2.2	Summe der einzelnen Delta t_M,i
E	2.3	Einsparung pro Stück Taktmontage
E	6	Erwartungs-Erwartungs-Wert
E_max	6	Maximaler Erwartungs-Erwartungs-Wert
Epsilon_0	6.1.3	Permittivität
F	6	Kraft durch Veränderung der Montagezeit
G_1 & G_2	6	Grenzbereiche des Erwartungsfeldes
i	4.2	Ausgangswahrscheinlichkeit (1/Nr)
i	6	Ausgangswahrscheinlichkeit der Erfahrungskurve
I	2.3	Einmalige Mehrkosten bei Einführung Montage
I	6.1.3	Strom
k	6	Elastizitätskonstante der Montagezeit

l	6	Differenz von t_E und t_M
l	6.1.3	Länge der Schleife
L_min	2.3	Mindestlebensdauer
N	2.3	Produktionsausstoß im Produktionszeitraum Z
N	4.2	Anzahl Versuche
N	6	Anzahl Erfahrungen mit dem Produkt aus der Vergangenheit
N_min	2.3	Erforderliche Mindeststückzahl
N(Z)	2.3	Produktionsstückzahl N im Produktionszeitraum Z
r	4.2	Lernrate
r	6	Lernrate der Lernkurve
r	6.1.3	Radius
R_p	4.2	Wahrscheinlichkeit der richtigen Entscheidung
S	6	Interdependenzkraftfeld
s_min	2.3	Minimal erforderliche Anzahl Arbeitsschritte
S_min	2.3	Gewünschte Mindestspezialisierung des Montageablaufes, minimale Stationszahl
t_e	2.3	Gesamtmontagezeit je Produkt
t_E	5.4	Erwartete Montagezeit in Nachbarstation
T_i	6	Einfluss Task Interdependence
t_M	5.4	Vorgabemontagezeit
t_M,g	6.1.6	Summe von t_M und Delta t_M
t_M,max	6	Maximale Montagezeit
t_M,real	6	Reale Montagezeit
T_v	6	Einfluss Task Visibility

x	5.4	Beeinflussbarkeitsfaktor der Montagezeit
Z	2.3	Produktionszeitraum

1 Einleitung

1.1 Motivation und Ziel der Arbeit

Die vorliegende Arbeit beruht auf der Überzeugung, dass eine Verbesserung der Leistung von produzierenden Unternehmen in Zukunft nur durch ein tieferes Verständnis des Systemverhaltens der Unternehmen möglich ist. Als Vorbild und Inspiration können dabei die Systeme in der Natur gesehen werden. Diese sollen aber nicht als Lösungsanalogie integriert werden. Dieses Phänomen ist in der Natur auch als Mimikry bekannt. Vielmehr geht es darum, die grundlegenden Mechanismen über die Entstehung und Entwicklung von Systemen zu verstehen.

Die Leitfrage dieser Arbeit lässt sich von einem Zitat von JANINE BENYUS ableiten. JANINE BENYUS[1] ist Biologin mit einem Schwerpunkt auf Bionik und hat für die Übertragung von Lösungselementen aus der Natur folgende Erkenntnisfragen aufgestellt[2]: „How does life make things? – By adding information to matter and that means structure. By adding information to matter it gives it a function." Dieses Prinzip ist am eindrücklichsten in der Struktur der DNA[3] zu sehen, die von WATSON und CRICK gefunden wurde (siehe Abbildung 1.1). Die Darstellung des Originalmodells im Vergleich zu den einfachen Darstellungen, die wir heute von der DNA kennen, lässt erahnen, dass diese Aufgabe nicht einfach war.

Die Aussage von JANINE BENYUS soll in dieser Arbeit als Leitfrage verstanden werden, die auf die Produktion übertragen wird. Produktion kann als komplexes, lebendes System verstanden werden, dessen Strukturen zwar von Menschen gemacht wurde, dessen Verhalten sich aber einem vollständig deterministischen und kontrollbasierten Eingreifen entzieht.[4]

Ziel der vorliegenden Dissertation ist, basierend auf dem Verständnis der Funktionen, die die Montagestruktur auf das Arbeitssystem der manuellen Montage ausübt, einfache Gestaltungsregeln für manuelle Montagesysteme mit dem Fokus Taktmon-

1 Vgl. Benyus, J. (Janine Benyus spricht über Design aus der Natur) 2005
2 Vgl. Benyus, J. (Janine Benyus spricht über Design aus der Natur) 2005
3 DNA: Desoxyribonukleinsäure, Träger der Erbsubstanz
4 Vgl. Gottschalk, S. (Dedicated Flexibility) 2006

tage abzuleiten. Diese sollen auch Anhaltspunkte für die Verbesserung der Montagestrukturen in Standplatzmontagen oder der Fertigung ermöglichen.

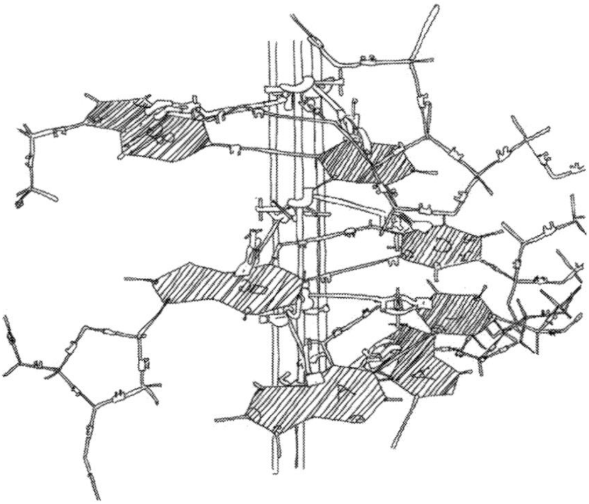

Abbildung 1.1: DNA Modell von Watson und Crick[5]

Der Grund dafür, dass diese Arbeit sich im Schwerpunkt mit der Organisation von Montage beschäftigt, soll im Folgenden kurz erläutert werden. Bei der Suche nach einem geeigneten Betrachtungsbereich, um die Leistungsentwicklung in produzierenden Unternehmen zu untersuchen, bin ich auf ein spannendes Problem in der Montage gestoßen, dessen Lösung scheinbar nur mit sozio-technischem Verhalten erklärt werden kann. Die Suche nach dem Betrachtungsbereich war dabei geleitet von der Frage: Was ist das kleinste System, das kleinste Problem, das zu finden ist, das unerklärliche Leistungssprünge in der Produktion ermöglicht. Die Suche nach dem kleinsten Problem leitet sich aus der Überzeugung ab, dass nur ein möglichst kleines Problem so überschaubar ist, dass eine mögliche Lösung im Rahmen dieser Arbeit gefunden werden kann. In der Forschungshistorie gibt es zahlreiche erfolgreiche Beispiele für dieses Vorgehen.[6]

Das kleinste Problem, das aus meiner Erfahrung in Forschungs- und Beratungsprojekten mit der Gestaltung von Montagesystemen im Maschinen- und Anlagenbau her-

5 Die Abbildung zeigt einen Ausschnitt des Originalmodells von Watson und Crick

6 Beispiele: Wasserstoffatom bei der Suche nach dem ersten Atommodell von Niels Bohr, Phagen bei der Suche nach der Erbsubstanz bei Max Delbrück oder die Wechselwirkung von Licht und Materie bei Max Planck

vorstieß, war die Frage nach der Leistungsentwicklung nach einer Reorganisation der Montage von einer Standplatzmontage in eine Taktmontage. Die grundlegende Entscheidung über die Montagestruktur, Standplatzmontage oder Takt- oder Fließmontage, kann in den heutigen Gestaltungsprozessen nur im Vorhinein getroffen werden (siehe Kapitel 2). Ein Herleiten der Struktur aus den Rahmenbedingungen unter Berücksichtigung von wirtschaftlichen Gesichtspunkten stellt heute in der Praxis ein großes Problem dar. Dies erscheint im ersten Moment überraschend, da sich bestimmte Montagestrukturen in bestimmten Branchen weitgehend durchgesetzt haben und zum allgemeinen „Common Sense" gehören.

In der Automobilbranche haben sich Takt- und Fließlinien weitestgehend durchgesetzt und sind allgemein anerkannt die geeignetste Montageform für das Markt- und Produktumfeld. Im Maschinenbau findet sich jedoch ein Grenzbereich der Montagestrukturen. Viele Unternehmen im Maschinenbau haben Produkte, deren Produktstruktur weitestgehend standardisiert ist, jedoch einen großen Anteil kundenspezifischer Anpassungen erlaubt. Diese Unternehmen befinden sich in einem Spannungsfeld zwischen der Beherrschung der logistischen Kette, von der Materialdisposition bis zur Materialbereitstellung und -synchronisation, und einer Standardisierung der Montageorganisation. Das Produktspektrum und das Produktionsprogramm lassen bezogen auf Stückzahlen und Montagevarianz durchaus Takt- und Fließkonzepte in der Montageorganisation zu.

Dieser Grenzbereich, in dem sowohl eine Standplatzmontage als auch eine Takt- oder Fließfertigung Anwendung findet, eignet sich besonders gut, um die Problemstellung, der sich diese Arbeit widmet, zu untersuchen.

Die Arbeit ist im Rahmen des Exzellenzclusters „Integrative Produktionstechnik für Hochlohnländer“ entstanden, das durch die Deutsche Forschungsgemeinschaft (DFG) gefördert wird.

1.2 Erkenntnistheoretische Konzeption und Forschungsmethodik

Zunächst wird auf die erkenntnistheoretische Konzeption der Arbeit eingegangen. Diese lehnt sich an den Begriff des Verstehens, wie er bei HEISENBERG verstanden wird, an.[7] HEISENBERG baut den Verständnisprozess auf drei Aspekten auf: der Abstraktion, der Begriffsbildung und der Erklärungs- und Vorhersagekraft. Diese Begriffe

7 Vgl. Blum, W./Dürr, H.-P./Heisenberg, W. (Physik und Erkenntnis 1956 - 1968) 1984, S. 303ff.

werden im Folgenden kurz definiert. Im zweiten Teil wird auf die Forschungsmethodik dieser Arbeit eingegangen.

Abstraktion

Abstraktion bezeichnet nach HEISENBERG die Möglichkeit, einen Gegenstand oder eine Gruppe von Gegenständen unter einem Gesichtspunkt unter Absehen von allen anderen Gegenstandseigenschaften zu betrachten.[8] Die Fokussierung auf einige Merkmale und die gleichzeitige Invisibilisierung aller anderen Merkmale erlaubt erst eine Generalisierung von Phänomenen in der realen Welt. Letztendlich ist sie die Voraussetzung für den Gebrauch der Mathematik. HEISENBERG führt in diesem Zusammenhang gerne ein Beispiel vom Apfel an. Für einen Apfel sei beispielsweise noch lange nicht selbstverständlich, dass das mathematische Grundaxiom: wenn a=b und b=c, dann ist auch a=c gilt. In der realen Welt gelten oft die klaren logischen Bedingungen der Mathematik nicht. Dennoch war die Physik gerade dadurch so erfolgreich, dass sie sich nicht gescheut hat, die Abstraktion, vielleicht auch als Herausforderung zum Widerspruch, einzugehen.[9] Und dadurch einen Dialog zu ermöglichen, der sich immer mehr der Erkenntnis nähert. Auch in dieser Arbeit beruhen die Kernelemente der Lösungshypothese auf der Abstraktion von Phänomenen, die eng verbunden mit der Begriffsbildung ist.

Begriffsbildung

Die Voraussetzung für die Bildung von neuen Begriffen ist die Abstraktion, da Begriffsbildung voraussetzt, dass Gleichartiges erkannt werden kann. Da völlige Gleichheit aber in den Erscheinungen praktisch nie vorkommt, entsteht die Gleichheit nur durch den Vorgang der Abstraktion, durch das Herausheben eines Merkmals unter Weglassen aller anderen.[10]

Die Begriffsbildung ist darüber hinaus die Voraussetzung für die Kommunikation und die Weitergabe von Erkenntnissen. Deswegen ist es auch wichtig, dass neue Erkenntnisse auch in neuen Begriffen münden. Nur so kann in der Kommunikation die Offenheit für Neues erzeugt werden. Auch in dieser Arbeit sollen einige neue Begriffe geprägt werden, die zum Teil in anderen Disziplinen wie der Soziologie oder der Systemtheorie schon geläufig sind. Die Begriffsbildung ist immer ein diskursiver Prozess, der auf die Resonanz und den Diskurs, in diesem Fall mit Kollegen und Indus-

---

[8] Vgl. Blum, W./Dürr, H.-P./Heisenberg, W. (Physik und Erkenntnis 1956 - 1968) 1984, S. 303

[9] Vgl. Blum, W./Dürr, H.-P./Heisenberg, W. (Physik und Erkenntnis 1956 - 1968) 1984, S. 396

[10] Vgl. Blum, W./Dürr, H.-P./Heisenberg, W. (Physik und Erkenntnis 1956 - 1968) 1984, S. 303

triepartnern, angewiesen ist. Die neuen Begriffe dürfen sich nicht zu weit von bekannten Begriffswelten wegbewegen, da sie sonst nicht auf Interesse stoßen. Andererseits dürfen sie nicht zu nah an der bestehenden Begriffswelt angelehnt sein, da in der Diskussion sonst zu viele unausgesprochene und unter Umständen falsche Erwartungen und Interpretationen möglich sind, die sich aus dem Erfahrungsschatz der Forschungscommunity ergeben.

Erklärungs- und Vorhersagekraft

Der wichtigste Aspekt ist jedoch die Erklärungs- und Vorhersagekraft der entwickelten Modelle. Erst durch den dritten Aspekt, der unverzichtbar ist, kann jedoch von Verstehen gesprochen werden. Gerade die Erklärungs- und Vorhersagekraft hat die Naturwissenschaften so erfolgreich gemacht. RICHARD FEYNMAN hat deswegen auf diesen Aspekt den größten Wert gelegt und immer betont, dass die Begriffsbildung noch kein Verstehen beinhaltet („naming is not knowing").[11]

Die Erklärungskraft spiegelt sich darin wider, dass das Verständnis eines Sachverhaltes meist auch zu neuen unerwarteten Folgeerkenntnissen führt. Diese Erklärungskraft wurde sehr anschaulich von HEISENBERG gezeigt in dem Beispiel über die Modelle des Sonnensystems in der Antike (Zyklen und Epizyklen) und der Modelle von NEWTON, die die selbe Genauigkeit haben, aber ein tieferes Verständnis über die Bewegungen der Planeten zulassen. In dieser Arbeit finden sich neben der Erklärung für die bessere Leistungsentwicklung von Taktmontagesystemen in dem Modell auch Ansatzpunkte für eine bessere Gestaltung von Standplatzmontagesystemen.

Darüber hinaus ist die Erklärungskraft auch nicht losgelöst von einer quantitativen, messbaren Komponente zu sehen. Erst die Quantifizierbarkeit von Erscheinungen ermöglicht die Widerlegbarkeit von Theorien.

Laut POPPER kann es in der Wissenschaft keine Beweise für eine Theorie geben[12]. Der Erkenntnisgewinn in der Wissenschaft läuft nach Popper nicht über das Vermehren und die Zunahme von gültigen Theorien. Der eigentliche Erkenntnisgewinn spiegelt sich in den widerlegten Theorien wider, denn diese enthalten „echte" Informationen. Das Ziel der Wissenschaft muss nach POPPER das kontinuierliche Bestreben nach Falsifizierung sein, da es keine universell und allgemeingültigen Theorien und Erkenntnisse geben kann. Der entscheidende Punkt bei der Idee von POPPER ist, dass eine Er-

[11] Vgl. Feynman, R. P./Robbins, J. (The Pleasure of Finding Things Out) 2001
[12] Vgl. Popper, K. (Logik der Forschung) 1984

kenntnis das Potenzial haben muss, widerlegbar zu sein. Dies geht nur, wenn sich aus der Erkenntnis auch eine Vorhersagbarkeit ableiten lässt.

In diesem Sinne ist die vorliegende Arbeit der Versuch, über die Abstraktion von beobachteten Phänomenen im Umfeld der Produktion ein Modell aufzubauen, dass es erlaubt, quantitative Vorhersagen über die Leistungsentwicklung von manuellen Montagesystemen zu machen.

Erkenntnistheoretische Methoden

Neben der Frage nach dem Verstehen ist die Frage nach den erkenntnistheoretischen Methoden von zentraler Bedeutung. Nach GODFREY-SMITH können drei Methoden unterschieden werden, die in der Wissenschaft zur Erkenntnisgewinnung eingesetzt werden:[13] Erkenntnisgewinnung durch

- Empirie
- Mathematik
- Kommunikation und wissenschaftlichen Diskurs.

Die grundlegendste Methode zur Erkenntnisgewinnung ist die Empirie. Mit Empirie ist sowohl die Beobachtung von Phänomenen in der Natur oder im industriellen Umfeld gemeint als auch die verfeinerte Version der Empirie im Experiment.[14] Eine Zwischenform sind quantitative empirische Erhebungen in Form von Umfragen oder Fragebogenaktionen. Diese „aktiven" empirischen Ansätze dürfen aber nicht darüber hinwegtäuschen, dass auch passive Beobachtungen zu grundlegenden Erkenntnissen führen können. Das grundlegende Schema hinter dem empirischen Ansatz ist, dass Forschung dieselbe Quelle der Erkenntnis und des Wissens hat wie das „normale" Leben: Das Wissen kommt aus Erfahrung mit dem Unterschied, dass Forschung erfolgreicher ist, da sie organisierter und systematischer vorgeht und durch Experimente Hypothesen prüfen kann.[15]

Ein Beispiel für Empirie als Erkenntnisgewinnung ist JOHN SNOW, der im 18ten Jahrhundert in London die Ursache der Cholera entdeckte. Durch Beobachtung und Aufzeichnung der Choleratoten in einer Karte stellte er fest, dass sich die Todesfälle um einen bestimmten Brunnen in London häuften; daraus schloss er, dass die Ursache für die Verbreitung der Cholera in dem Brunnen zu suchen wäre. Das Beispiel zeigt, dass

[13] Vgl. Godfrey-Smith, P. (Theory and reality) 2003, S. 8
[14] Vgl. Blum, W./Dürr, H.-P./Heisenberg, W. (Physik und Erkenntnis 1956 - 1968) 1984
[15] Vgl. Godfrey-Smith, P. (Theory and reality) 2003, S. 8

auch schon sehr einfache Verfahren der Empirie entscheidende neue Erkenntnisse erlauben können.[16]

Die zweite Methode der Erkenntnisgewinnung ist nach GODFREY die Mathematik. Als Quelle dafür wird meist Galileo mit dem Zitat angebracht, dass die Sprache der Natur die Mathematik ist: „Philosophy is written in this grand book the universe, which stands continually open to our gaze. But the book cannot be understood unless the first learns to comprehend the language and to read the alphabet in which it is composed. It is written in the language of mathematics. And it characters are triangles, circles, and other geometric figures without which it is humanly impossible to understand a single word of it.“[17]

Die dritte Methode der Erkenntnisgewinnung ist nach GODFREY die Kommunikation und der Austausch in einer wissenschaftlichen Community: „What makes science different from other kinds of investigation, and especially successful, is its unique social structure.“[18] Ein Beispiel dafür, wie diese Form der Erkennstnisgewinnung durch Kommunikation stattfindet, ist eine Diskussion, die EINSTEIN und BOHR 1930 auf dem Weg zu der Solvay Conference in Brüssel führten: Einstein führte ein Gedankenexperiment an, das unter dem Namen Einstein-Podolsky-Rosen-Experiment oder Photonenwaage bekannt ist, um Bohr von der Idee der Komplementarität abzubringen. Aus diesem Diskurs entstand eine wesentliche Idee für Bohr, die ihm half, das Konzept der Komplementarität weiterzuentwickeln.[19]

Abbildung 1.2: Einstein und Bohr auf dem Weg zur Solvay Conference[20]

[16] Vgl. Godfrey-Smith, P. (Theory and reality) 2003, S. 9

[17] Vgl. Godfrey-Smith, P. (Theory and reality) 2003, S. 10

[18] Vgl. Godfrey-Smith, P. (Theory and reality) 2003, S. 12

[19] Vgl. Fischer, E. P. (Paarläufe der Wissenschaft) 2006, Hörbuch

[20] Eigene Darstellung in Anlehnung an Wikipedia (comons.wikimedia.org/wiki/File:Niels_Bohr_Albert_Einstein2_by_Ehrenfest.jpg, Stand 1.12.13): Niels Bohr and Albert Einstein Foto by Paul Ehrenfest (1880-1933), taken at the 1930 Solvay Conference in Brussels

Die Ingenieurwissenschaften, die als Querschnittswissenschaften aus Naturwissenschaft, Formalwissenschaft und Sozialwissenschaften gesehen werden können (siehe Forschungsvorgehen), bedienen sich aller drei erkenntnistheoretischen Methoden (siehe Abbildung 1.3).

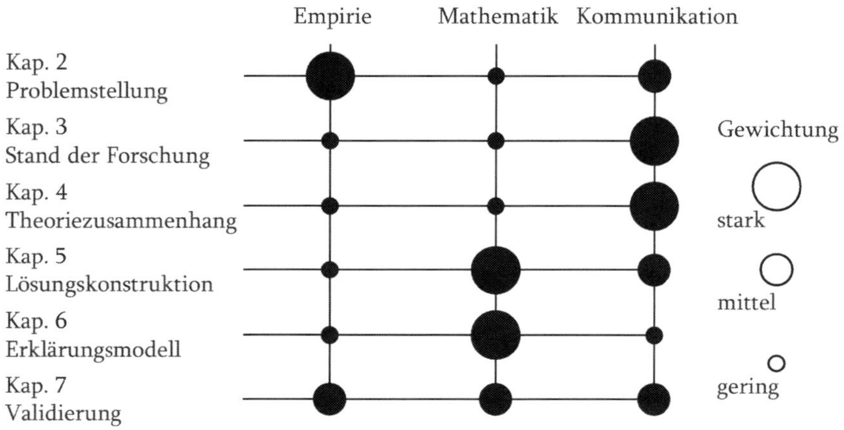

Abbildung 1.3: Erkenntnistheoretischer Aufbau der Arbeit

Die Empirie wird im Schwerpunkt bei der Herleitung des Problems angewandt. Die Problemstellung (Kapitel 2) der vorliegenden Arbeit leitet sich aus den Beobachtungen bei zahlreichen Projekten in der Industrie ab. Dazu gehören z. B. die Auslegung von Taktmontage, die Optimierung von Logistikprozessen in Standplatzmontagen, Potenzialanalysen und Zeitaufnahmen in manuellen Montagen im Maschinen- und Anlagenbau.

Den Kern der Arbeit bildet das mathematische Modell, das einen Versuch darstellt, die beobachteten Phänomene in der Industrie in einem Modell zu erklären. Das mathematische Modell, das in Kapitel 5 und 6 hergeleitet und vorgestellt wird, ermöglicht darüber hinaus die Quantifizierung in einem Simulationsmodell.

Die Kommunikation bzw. „soziale Struktur“ ist als erkenntnistheoretische Methode in einer schriftlichen Arbeit am schwersten zu verorten. Sie steckt von Anfang an zwischen den einzelnen Erkenntnisschritten. Der tatsächliche Prozess der Theorieentwicklung hat sich nicht so linear abgespielt, wie er sich in dieser Arbeit darstellt. Zahlreiche Diskussionen mit Kollegen und Industriepartnern haben die Begriffsbildung und die Schwerpunkte immer wieder verschoben und verändert. Zahlreiche Ideen sind durch die Diskussion konsolidiert worden. Dennoch spiegelt sich die erkenntnistheoretische Methode am stärksten in den Kapiteln 3, Stand der Forschung, und Kapitel 4, Theoriezusammenhang, wider.

1.3 Forschungsvorgehen der Arbeit

Die vorliegende Arbeit orientiert sich an dem Forschungsvorgehen nach ULRICH. ULRICH war von 1954 bis 1985 ordentlicher Professor an der Hochschule St. Gallen. Er gründete das Institut für Betriebswirtschaft und ist Miturheber des St. Galler Management-Modells. Er begründete seine Managementlehre auf systemtheoretischen und kybernetischen Überlegungen. Von Beginn an wurden seine Theorien auf den adäquaten Umgang mit komplexen Systemen ausgerichtet.[21]

Die zentrale Frage in der Forschungsmethodik nach ULRICH ist die Frage nach der Legitimation einer angewandten Wissenschaft. Dieser Legitimationsversuch beginnt bei ULRICH mit der Unterscheidung zwischen Grundlagenwissenschaft und angewandter Wissenschaft. Der wesentliche Unterschied zwischen empirischer Grundlagenwissenschaft und angewandter Wissenschaft ist, dass für die empirische Grundlagenwissenschaft die bestehende Realität das eigentliche Untersuchungsobjekt ist. Für die angewandte Wissenschaft ist dies nur der Ausgangspunkt für „Untersuchungen zukünftiger Realitäten".[22]

Daraus leiten sich bei ULRICH Thesen für die Forschungsmethodik in angewandten Wissenschaften ab, auf die im Folgenden kurz eingegangen wird.[23] Die sechs Thesen sind auf drei wesentliche Aspekte zusammengefasst, die im Folgenden erläutert werden:

- Die Forschung beginnt mit Empirie: alle Forschungsprobleme und Forschungsfragen müssen sich aus der Beobachtung der Praxis ableiten
- Betriebswirtschaftliche Forschung muss Systemtheorie und Komplexitätswissenschaften mit einbeziehen.
- Da komplexe Fragen prinzipiell unentscheidbar sind, gehört neben der Suche nach Wahrheit immer auch die Frage nach der Moral zur Forschung

---

21 Ulrich, H. (Wirtschaftswissenschaftler)

22 Vgl. Ulrich, H./Dyllick, T./Probst, G. (Management) 1984, S. 174

23 Vgl. Ulrich, H./Dyllick, T./Probst, G. (Management) 1984, S. 179

Probleme aus der Praxis

Auch POPPER vertritt die These, dass die Erkenntnis nicht mit der Wahrnehmung, der Beobachtung, der Sammlung von Daten oder von Tatsachen beginnt, sondern mit Problemen.[24] Somit ist auch bei ULRICH eine empirische Komponente nicht aus der Forschungsmethodik verbant. Anders als bei empirischen Grundlagenwissenschaften ist die Empirie an den Anfang des Forschungsprozesses gerückt. Dabei ist Empirie nicht als die verfeinerte Form des Experimentes zu sehen, sondern immer als Form der Beobachtung realer Systeme. Für ULRICH ist dies schon allein deswegen wichtig, da für ihn reale Systeme in ihren zentralen Eigenschaften nur unzureichend in experimentellen Modellen abbildbar sind. Dies sieht ULRICH auch als zentralen Punkt dafür, warum eine angewandte Wissenschaft nicht ohne den Aspekt der Komplexitätswissenschaft auskommt.

Komplexitätswissenschaften

Nach ULRICH erfolgt die Anwendung des wissenschaftlichen Wissens in komplexen sozialen Systemen.[25] „Das Problem der Komplexität berührt unmittelbar die Forschungsstrategie der angewandten Wissenschaft, geht es doch um die Frage, wie reale Systeme hoher Komplexität wissenschaftlich erfasst und modellhaft abgebildet werden können."[26]

Eine angewandte Wissenschaft muss daher dieser Situation gerecht werden. Dabei stellt sich zunächst die Frage, wie komplexe Probleme generell gelöst werden können. PETER KRUSE unterscheidet in diesem Zusammenhang fünf Wege zur Lösung komplexer Probleme: [27]

1. Ausblenden: sehr verbreitet, alte Muster werden stur weiter verfolgt; jede Unternehmenskultur invisibilisiert als System in ihrem Kulturprogramm Probleme und Lösungsräume[28]

2. Trial and Error[29]: schlichtes Ausprobieren, ist aber bei großen und sehr komplexen Systemen keine effiziente Lernstrategie. Erfolgreiches Beispiel ist die halbkohärente

---

[24] Vgl. Ulrich, H./Dyllick, T./Probst, G. (Management) 1984, S. 172

[25] Vgl. Ulrich, H./Dyllick, T./Probst, G. (Management) 1984, S. 191

[26] Vgl. Ulrich, H./Dyllick, T./Probst, G. (Management) 1984, S. 177

[27] Vgl. Kruse, P. (Wie reagieren Menschen auf wachsende Komplexität ?) 2008

[28] Vgl. Schmidt, S. J. (Eine Philosophie der Geschichten & Diskurse) 2003

[29] Vgl. Harford, T. (Versuch, Irrtum und der Gott-Komplex) 2011

Strategie von Shona L Brown bei Google[30]. Darüber hinaus ist auch das Wissenschaftliche Experiment im Wesentlichen eine Form des Trial and Error.

3. Rationales Durchdringen und Verstehen: Verstehen der Komplexität im Detail; klassischer Forschungsansatz und Paradigma der Aufklärung gemäß DAVID HILBERT: „Wir müssen wissen. Wir werden wissen."[31]

4. Konzentration auf einzelne Faktoren (Selektion): Trivialisierung des Systems auf wenige Einflussfaktoren, Reduzierung auf kompliziertes System; Prinzipien helfen schnell Lösungen zu finden, müssen aber angepasst werden, wenn sich das Umfeld stark ändert.

5. Emotionale Bewertung und intuitives Agieren: Menschen sind in ihrem Gehirn in der Lage, Komplexität über Musterbildung zu reduzieren. Voraussetzung ist nach KRUSE eine lange Lerngeschichte am Rande der Überforderung. Intuition ist die Fähigkeit des Gehirns, komplexe Muster zu generieren jenseits des Verstehens. Großes Problem ist, wenn sich die Welt geändert hat, dann sind die Intuitionen nicht mehr passend. Wichtig ist also, in welchem Rahmen/Kontext eine Person seine intuitive Kraft gelernt hat.

In dieser Arbeit werden die Lösungsstrategien 3 und 4 im Fokus stehen.

Über die Lösungswege hinaus ist ein weiterer Aspekt bei der Bearbeitung von komplexen Systemen nach ULRICH wichtig: Komplexe Systeme können nur interdisziplinär gelöst werden.[32] Unabdingbar ist bei den angewandten Wissenschaften die Einbeziehung von sozialwissenschaftlichen Aspekten. [33]

Moral und Verantwortung

Der dritte Aspekt ist bei ULRICH die Moral. Dies unterscheidet die angewandte Wissenschaft von den Naturwissenschaften, die nach Wahrheit in der Beschreibung der Natur suchen. „Angewandte Wissenschaft ist [dagegen] notwendigerweise wertbehaftet und auf der Basis des wissenschaftlichen Wertfreiheitspostulates nicht möglich."[34]

30 Vgl. Brown, S. L./Eisenhardt, K. M. (Competing on the edge) 1998
31 Zitat des Göttinger Mathematikers David Hilbert zum Ignorabimus Streit
32 Vgl. Ulrich, H./Dyllick, T./Probst, G. (Management) 1984, S. 191
33 Vgl. Ulrich, H./Dyllick, T./Probst, G. (Management) 1984, S. 191
34 Vgl. Ulrich, H./Dyllick, T./Probst, G. (Management) 1984, S. 191

HEINZ VON FÖRSTER, einer der führenden Kybernetiker, formuliert diese Forderung folgendermaßen: Bei prinzipiell unentscheidbaren Fragen haben wir für die Antworten, die wir geben, die Verantwortung.[35] Einen anderen Aspekt bringt SIEGFRIED SCHMIDT zur Frage der Moral: Er sieht die Moral als Kontingenzunterbrecher. Bestimmte Fragen nicht zu stellen ist somit auch eine „operative Fiktion“ die das Zusammenleben in komplexen Systemen ermöglicht.[36]

1.4 Aufbau der Arbeit

Der Aufbau der Arbeit und die wesentlichen Inhaltsschwerpunkte sind in Abbildung 1.4 dargestellt. Kapitel 2 widmet sich zunächst der Strukturierung des Themenbereichs Montageplanung und der Darstellung des Problems, das sich aus der industriellen Praxis ableitet. Der Objektbereich wird abgegrenzt und die wesentlichen Begrifflichkeiten definiert. Im dritten Kapitel wird der Stand der Technik anhand bestehender Ansätze zur Kapazitätsstrukturierung aufbereitet. Zu Beginn werden die verschiedenen Verfahren der Montagegestaltung beschrieben, um dann darauf aufbauend die Eignung bestehender Konzepte zu analysieren und den Handlungsbedarf abzuleiten. In Kapitel 4 werden die theoretischen Grundlagen aus anderen Disziplinen aufbereitet, ohne die die eigene Lösung nicht möglich wäre. Dazu gehören insbesondere die Systemtheorie und die Kybernetik.

In Kapitel 5 werden die Elemente des Modells zur Bewertung der Leistungsentwicklung von manuellen Montagesystemen skizziert. Auf dieser Basis wird ein Vorgehensmodell entwickelt. In Kapitel 6 werden die quantitativen Zusammenhänge des Modells erörtert. Die einzelnen Vorgehensschritte des Konzeptes werden weiter detailliert und die Anwendung erklärt. Im siebten Kapitel erfolgt die exemplarische Anwendung des entwickelten Modells auf der Basis eines Planungsszenarios für eine Taktmontage und eine Standplatzmontage.

---

35 Vgl. von Foerster, H. (KybernEthik) 1993

36 Vgl. Schmidt, S. J. (Eine Philosophie der Geschichten & Diskurse) 2003

Abbildung 1.4: Aufbau der Arbeit

2 Problemstellung

Der Fokus dieser Arbeit liegt auf der Bewertung der Leistungsentwicklung von manuellen Montagesystemen im Maschinen- und Anlagenbau (siehe Abbildung 2.1). Im folgenden Kapitel wird die Problemstellung der Leistungsbewertung von manuellen Montagesystemen hergeleitet. Zunächst wird auf die Bedeutung der Montage für die Wirtschaft eingegangen, gefolgt von einer Beschreibung der Charakteristiken manueller Montagesysteme. Darauf aufbauend wird die Problemstellung der Arbeit dem Ansatz von ULRICH folgend aus der Praxis hergeleitet (siehe Kapitel 1.3). Das Praxisproblem wird im nächsten Schritt in ein theoretisches Problem überführt, aus dem sich die Forschungsfrage ableitet. Zum Schluss des Kapitels wird eine Eingrenzung des Objektbereiches vorgenommen.

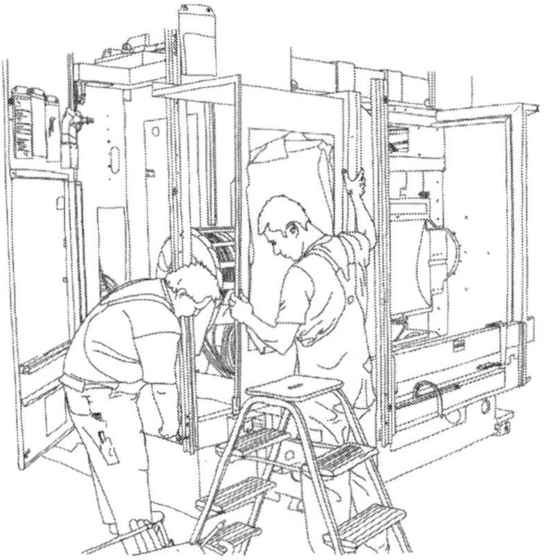

Abbildung 2.1: Manuelle Montage von Werkzeugmaschinen[37]

[37] Eigene Darstellung

2.1 Bedeutung der Montage für die Wirtschaft

Die Montage ist für den Standort Deutschland einer der mitarbeiterstärksten Beschäftigungsbereiche von hoher volkswirtschaftlicher Bedeutung. Landesweit sind gut eine Million Erwerbstätige mit dem Tätigkeitsschwerpunkt Montieren, Zusammensetzen und Installieren beschäftigt. Damit ist jeder dritte Produktionsarbeiter in der Montage tätig.[38] Auf die Gesamtheit der in Deutschland beschäftigten Erwerbstätigen bezogen stellt diese Berufsgruppe somit knapp 3% dar.[39]

Zusätzlich zur volkswirtschaftlichen Bedeutung ist die Montage für das produzierende Gewerbe von hoher betriebswirtschaftlicher Relevanz. Nach VDI Norm wird unter der Montage der „Zusammenbau von Teilen und/oder Gruppen zu Erzeugnissen höherer Ebenen" verstanden.[40] Die Montage bildet dabei die Endphase bei der Produkterstellung, wodurch ihr eine Schlüsselrolle im gesamten Produktionsprozess zukommt.

Aufgrund dieser Rolle muss sie wie kein anderer Unternehmensbereich laufend sich ändernde Anforderungen des Marktes bzgl. Terminen, Mengen und Varianten bewältigen. Darüber hinaus werden erst hier verdeckte Probleme vorgelagerter Bereiche in ihrer vollen Auswirkung ersichtlich. Die Montage wird daher oft als Sammelbecken aller organisatorischen, terminlichen und qualitativen Fehler der Produktionskette bezeichnet.[41] Daraus resultieren hohe Anforderungen an die effiziente und flexible Gestaltung moderner Montagesysteme.

Der besondere Stellenwert der Montage für das produzierende Gewerbe wird zudem bei der Betrachtung einiger wichtiger Kennzahlen deutlich (siehe Abbildung 2.2). In der Einzel- und Serienmontage kann der Wertschöpfungsanteil gemessen an der Gesamtwertschöpfung bis zu 70% erreichen.[42] Andererseits beträgt der Anteil der im Produktherstellungsprozess anfallenden Kosten für die Montagebereiche je nach Produkt zwischen 28 und 44%.[43] Die Montage beansprucht überdies zwischen 15 und

---

[38] Vgl. Abele, E. (Montagestudie) 1984, S. 20f.; Butala, P./Kleine, J. et al. (Marktorientierte flexible Montageprozesse) 2001, S. 51

[39] Erwerbstätige mit Arbeitsort in Deutschland 2011: 41,1 Mio., vgl. Statistisches Bundesamt; Bundesagentur für Arbeit (Amtliche Nachrichten der Bundesagentur für Arbeit) 2008, S. 53

[40] VDI (Erfolgreiches Störungsmanagement in der Einzel- und Kleinserienmontage) 1993

[41] Vgl. Reinhart, G./Schneider, B. (Montage) 1996, S. 1240; Mostert, C. H. (Fabrik-Umfeld Simulationsmodell) 2007

[42] Vgl. März, L./von Langsdorff, P. (Flexibilität und Marktorientierung in der Montage) 2001, S. 1

[43] Vgl. Reinhart, G./Schneider, B. (Montage) 1996, S. 1241

70% der Gesamtbearbeitungszeit.[44] Ferner kann sie bis zu 40% der gesamten Produktionsfläche eines Unternehmens einnehmen.[45]

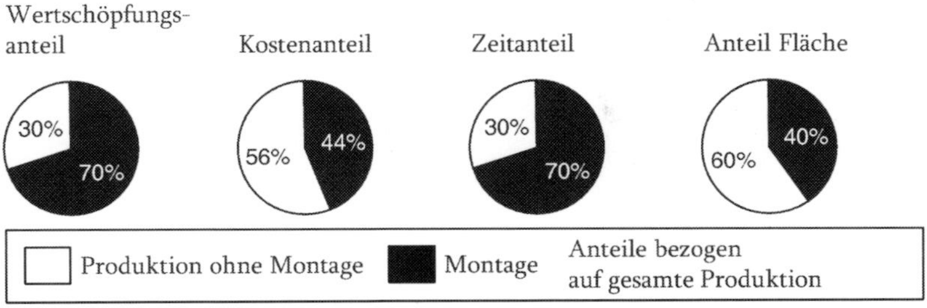

Abbildung 2.2: Bedeutung der Montage anhand ausgewählter Kennzahlen

Damit stellt die Montage neben der Teilefertigung den wichtigsten Abschnitt in der industriellen Produktion dar. Für die Teilefertigung wurden in den letzten Jahrzehnten bereits weitreichende Rationalisierungsmaßnahmen umgesetzt. Im Bereich der Montage hingegen, und hier insbesondere in der Einzel- und Kleinserienproduktion im Maschinen- und Anlagenbau, wurden nur marginale Optimierungsschritte unternommen. Demnach werden hier zukunftsträchtige Potenziale zur fundamentalen Kostensenkung gesehen.[46]

Die manuelle Montage hat vor allem für den Maschinen- und Anlagenbau eine große Bedeutung. Die Bedeutung des deutschen Maschinen- und Anlagenbaus für die deutsche Wirtschaft bleibt unbestritten. Mit 978.000 Beschäftigten ist er noch vor der Automobilindustrie mit 742.200 Beschäftigten der größte Arbeitgeber Deutschlands.[47] Für die Exportwirtschaft bleibt der Maschinenbau mit einer Exportquote von 77,2% einer der Schlüsselfaktoren. Das Jahr 2008 war ein Rekordjahr für den deutschen Maschinen- und Anlagenbau. 2012 konnten diese Umsatz- und Produktionsrekorde erstmals wieder erreicht werden. Beim Umsatz wurde das damalige Rekordniveau sogar noch um eine Milliarde auf nunmehr 209 Milliarden Euro übertroffen. Auch die Prognosen für das Jahr 2013 sehen gut aus, es wird ein Wachstum von 2% prognostiziert.[48]

44 Vgl. Lotter, B./Wiendahl, H.-P. (Montage in der industriellen Produktion) 2006, S. 3
45 Vgl. Reinhart, G./Schneider, B. (Montage) 1996, S. 1241
46 Vgl. Zäh, M. F. (Fundamentale Kostensenkung in der Montage!) 2004, S. 1
47 Vgl. VDMA (Maschinenbau behauptet sich in rauem Umfeld) 2013, S. 42; VDA, (Jahresbericht) 2013, S. 16
48 Vgl. VDMA (Maschinenbau behauptet sich in rauem Umfeld) 2013, S. 42

2.2 Charakteristiken manueller Montagesysteme im Maschinenbau

In diesem Kapitel werden die grundlegenden Begriffe und Charakteristiken manueller Montagesysteme eingeführt und definiert. Der Fokus liegt dabei auf Montagesystemen im Maschinen- und Anlagenbau. Die Charakteristiken werden nach folgenden Bereichen strukturiert:

- das Montagesystem
- der Montagearbeitsplatz
- der Montageablauf
- die Materialbereitstellung

Das Montagesystem

Unter dem Begriff Montagesystem wird die Gesamtheit aller Vorgänge, die dem Zusammenbau von Produkten dienen, verstanden. Das Montagesystem lässt sich in die Referenzprozesse Lagern und Bereitstellen, Montieren und Prüfen sowie Transportieren unterteilen (siehe Abbildung 2 3).[49]

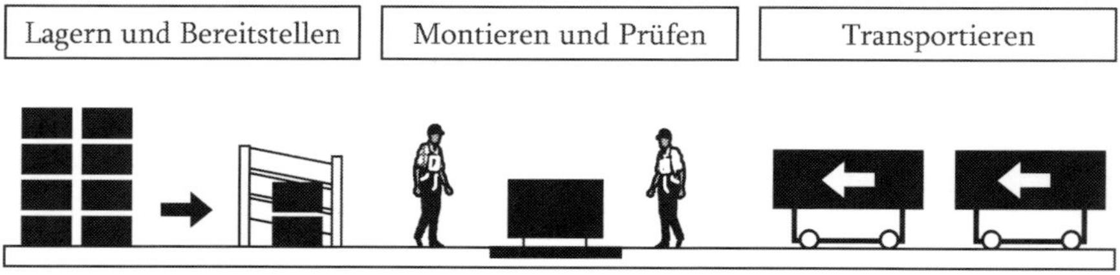

Abbildung 2.3: Referenzprozesse der Montage

Der Montagearbeitsplatz

Der Montagearbeitsplatz bei der Standplatzmontage bzw. die Montagestation in der Taktmontage können als räumliche und organisatorische Einheit verstanden werden. Die organisatorische Einheit unterscheidet sich bei der Taktmontage und der Standplatzmontage. Der organisatorischen Einheit bei der Taktmontage sind jeweils Montageaufgaben oder Teilverrichtungen fest zugeordnet.[50] Prinzipiell gilt dies auch für die Standplatzmontage. Der Formalisierungsgrad dieser Zuordnung ist jedoch sehr

[49] Vgl. Nyhuis, P./Wiendahl, H.-P. (Logistische Kennlinien) 2002, S. 11

[50] Vgl. Leopold, N. (Planungsverfahren zur Kapazitätsabstimmung) 1997, S. 34

verschieden, da bei der Standplatzmontage alle Tätigkeiten der Montage auf dem Arbeitsplatz stattfinden.

Die räumliche Einheit der Montagestation unterscheidet sich dagegen im Maschinen- und Anlagenbau kaum. Dies mag im ersten Moment überraschen, da gerade die bessere Ergonomie des Arbeitsplatzes einer der vermeintlichen Vorteile der Taktmontage ist. Aufgrund der Größe der Montageobjekte ist der Unterschied jedoch vernachlässigbar. Würde eine einzelne Montagestation aus dem Montagesystem herausgeschnitten, würde nur durch das Transportsystem ein Unterschied zwischen Taktmontage und Standplatzmontage ersichtlich werden. Ein typischer Montageplatz im Maschinen- und Anlagenbau beinhaltet, unabhängig von der Montagestruktur, die in Abbildung 2.4 dargestellten Bestandteile. Darüber hinaus können noch Flächen für Vorrichtungen oder eine Werkbank sowie Plätze für Werkzeuge vorgesehen sein. Ein weiterer fester Bestandteil der Montage im Maschinen- und Anlagenbau ist der Portalkran.

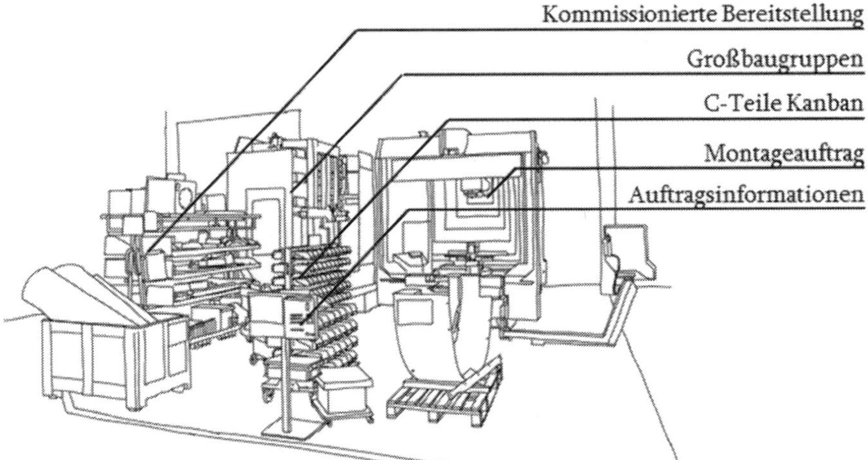

Abbildung 2.4: Montagearbeitsplatz in der Übersicht

Der Montageablauf

Im Gegensatz zu Fertigungsprozessen dominieren in Montageprozessen konvergierende Materialströme. Eine große Anzahl Teile und Baugruppen werden zu einem Produkt zusammengebaut. Dabei gibt es nicht nur einen möglichen Ablauf sondern viele mögliche Reihenfolgen. Diese Flexibilität in der Montageablauffolge wird gerade im Maschinenbau genutzt, um fehlende Zuverlässigkeit in der Materialbereitstellung auszugleichen.

Zur Darstellung von Ablaufstrukturen der Produktvarianten hat sich der Vorrangfolgegraph bewährt.[51] Der Vorrangfolgegraph enthält sämtliche zur Herstellung einer Produktvariante gehörenden Teilverrichtungen. Bei der Durchführung dieser Teilverrichtungen müssen Vorrangbeziehungen beachtet werden. Diese geben an, welche Teilverrichtungen vor einer bestimmten Teilverrichtung durchgeführt werden müssen und welche erst danach durchgeführt werden können.[52]

Die Teilverrichtungen werden im Vorrangfolgegraphen als Knoten dargestellt und zum Zeitpunkt der frühesten Ausführbarkeit eingetragen. Die Abhängigkeitsbeziehungen zwischen den Teilverrichtungen werden als Verbindungslinien dargestellt (siehe Abbildung 2.5). Das Ende der von einem Knoten ausgehenden Kanten verdeutlicht die Tätigkeit, vor der die Teilverrichtung spätestens ausgeführt worden sein muss. Die Teilverrichtungen werden zeitlich von links nach rechts entlang einer Zeile aufgetragen und gelesen (Zeilen-Spalten-Konvention).[53] Teilverrichtungen, die zeitlich parallel möglich sind, stehen in parallelen Zeilen übereinander. Teilverrichtungen einer Spalte haben den selben frühestmöglichen Zeitpunkt der Ausführung.

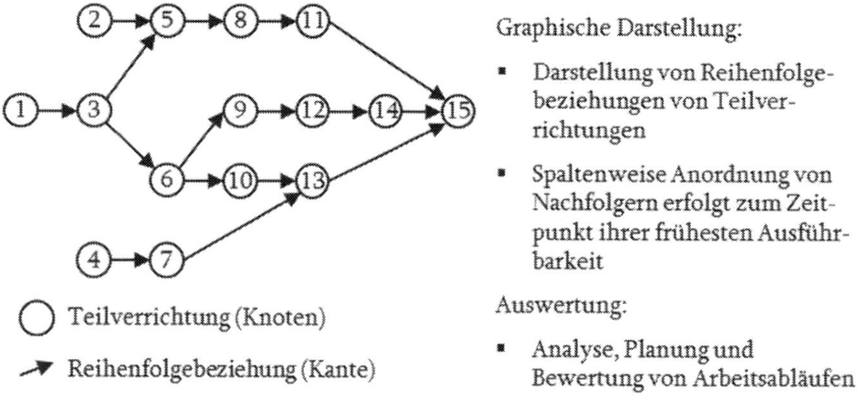

Abbildung 2.5: Der Vorrangfolgegraph zur Darstellung von Teilverrichtungen

51 Vgl. Bullinger, H. J. (Arbeitsgestaltung) 1995, S. 94
52 Vgl. Lutz, L. (Abtakten von Montagelinien) 1974, S. 15
53 Vgl. Bullinger, H. J. (Arbeitsgestaltung) 1995, S. 94

Die Länge der Vorgabezeit der Teilverrichtungen wird im Vorrangfolgegraph nicht dargestellt.[54] Auch die Stückzahl der zu fertigenden Produktvarianten bleibt bei der Bildung der Reihenfolgebeziehungen der Teilverrichtungen unberücksichtigt.[55]

Die Arbeitsinhalte einer Teilverrichtung teilen sich in unterschiedliche Zeitanteile auf, von denen der reine Montageprozess nur etwa 43% ausmacht (siehe Abbildung 2.6). Die Verteilung der Zeiten basiert auf einer Zeitaufnahme einer kompletten Werkzeugmaschine und ist typisch für manuelle Montagesysteme. Der geringe Anteil an wertschöpfenden Tätigkeiten (Montieren) in manuellen Montagesystemen ist ein Grund für den großen Einfluss, den die Montagestruktur auf die Leistung des Montagesystems hat. Auf die Montagestruktur wird in Kapitel 2.3 detailliert eingegangen.

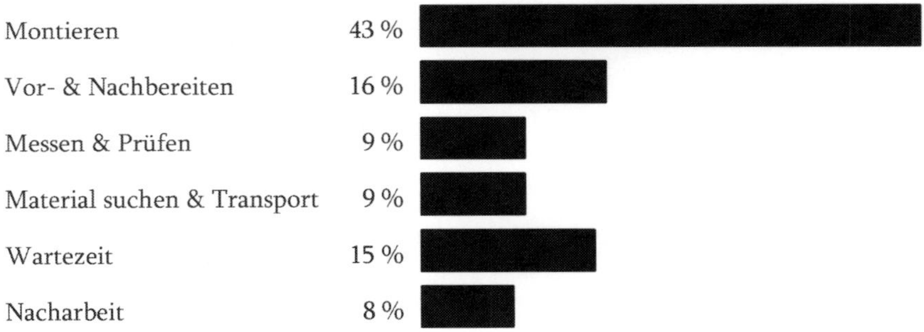

Abbildung 2.6: Prozentuale Verteilung der Montagezeiten bei einer Werkzeugmaschine[56]

Die Materialbereitstellung

Die Materialbereitstellung am Arbeitsplatz kann in drei große Bereiche unterteilt werden (siehe Abbildung 2.7). Der Wert des Materials und die Anzahl der Teile verhalten sich antiproportional. Den größten Wert haben Großbaugruppen, die meist Just in Time bereitgestellt werden und gleichermaßen aus Vormontagebereichen oder von Zulieferern kommen können. Diese Baugruppen machen von der Teileanzahl den geringsten Anteil aus und werden meist detailliert terminiert und in die Montageplanung integriert. Die Bedarfsterminierung von Großbaugruppen stellt in der Materialbereitstellung eine große Herausforderung dar. Der Grund dafür liegt im

---

[54] Vgl. Bullinger, H. J. (Arbeitsgestaltung) 1995, S. 94

[55] Vgl. Bullinger, H. J. (Arbeitsgestaltung) 1995, S. 103

[56] Zahlen aus einem Industrieprojekt

Auftragsnetz, in dem sich nicht nur die Bedarfe der Baugruppen eines Auftrags gegenseitig beeinflussen, sondern auch Terminverschiebungen von unterschiedlichen Aufträgen einfließen.

Neben der Bereitstellung von Großbauteilen spielt vor allem die kommissionierte Bereitstellung der Teile eine große Rolle für die Logistik und den Montageablauf.

Etwa 45% der Teile werden kommissioniert bereitgestellt, das heißt in genau der Menge, in der sie für den Auftrag benötigt werden. In einer Taktmontage werden, jeweils Kommissionen für eine Arbeitsstation zusammengefasst. In der Standplatzmontage hängt es stark von der Organisation der Materialbereitstellung und der Organisation der Montageabläufe ab, wie umfangreich die Kommissionen sind. Im Allgemeinen ist die Anzahl an Teilen, die in einer Kommission zusammengefasst werden jedoch deutlich größer als in der Taktmontage. Das liegt zum Teil daran, dass über eine höhere Anzahl Teile am Arbeitsplatz mögliche Fehlteile kompensiert werden sollen. Bei einem höheren Materialbestand am Arbeitsplatz ist eine Vertauschung der Montagereihenfolge leichter möglich.

Verbrauchsmaterial und Normteile wie Schrauben, Klemmen, Hülsen werden meist als C-Teile Kanban disponiert. Sie werden nicht abgezählt für den einzelnen Auftrag bereitgestellt, sondern als Schüttgut in Griffschalen oder Kleinladungsträgern. Die Bereitstellung kann sowohl in einem zentralen Kanbanlager stattfinden als auch in kleinen Regalen oder Handwagen direkt am Arbeitsplatz. In vielen Unternehmen ist dieser Beschaffungs- und Bereitstellungsprozess an einen Zulieferer fremdvergeben.

	Großbaugruppen (Just in Time)	Kommissionierte Bereitstellung	C-Teile Kanban
Wert	75%	15%	10%
Teile	5%	45%	50%

Abbildung 2.7: Zusammensetzung der Werte und Teile in der Materialbereitstellung[57]

Die Güte der Materialbereitstellung ist im Maschinen- und Anlagenbau durch die langen Beschaffungszeiten und die kundenindividuellen Aufträge einer der Hauptgründe dafür, dass eine Taktmontage schwer zu realisieren ist. Bei vielen Unterneh-

[57] Daten aus Seminarvortrag (Lean Production, Best Practice Montagegestaltung): Herr Ebert, Deckel Maho Pfronten, 08.04.2008

men führt die Dynamik in der Produktionsplanung zu erheblichen Fehlteilsituationen, die zu einem ständigen Umplanen der Montagereihenfolge führten.

Für die Kernfragestellung der Arbeit spielt die Materialbereitstellung nur eine untergeordnete Rolle (siehe Kapitel 2.6 Eingrenzung des Objektbereiches). Die dargestellten Lösungselemente werden jedoch gerade im Bereich der Bereitstellungslogistik in der Standplatzmontage ein Verbesserungspotenzial aufzeigen.

2.3 Organisationsformen manueller Montagesysteme

Nach BULLINGER kann die Organisationsform der Montage in zwei wesentliche Prinzipien unterteilt werden:[58]

- Prinzip der Verrichtungszentralisation oder Taktmontage
- Prinzip der Objektzentralisation oder Standplatzmontage

Das Prinzip der Verrichtungszentralisierung fasst gleichartige Tätigkeiten an unterschiedlichen Objekten bzw. Produkten zu organisatorischen Einheiten zusammen. Dieses Organisationsprinzip wird in dieser Arbeit als Taktmontage bezeichnet.

Das Prinzip der Objektzentralisation fasst unterschiedliche Tätigkeiten an gleichartigen Objekten zu einer organisatorischen Einheit zusammen. Dieses Organisationsprinzip wird in dieser Arbeit als Standplatzmontage bezeichnet.

Darüber hinaus gibt es auch Mischformen, bei denen beide Prinzipien Anwendung finden. Zum Beispiel kann eine Vormontage als Standplatzmontage und die Endmontage als Taktmontage organisiert sein.

Im Folgenden werden die beiden Montageorganisationsformen genauer vorgestellt.

Standplatzmontage

Bei der Standplatzmontage (alternativ gebräuchliche Begriffe sind Baustellen- und Boxmontage) sind die Montageobjekte ebenso wie die Arbeitsplätze unbewegt. Es kann angenommen werden, dass zwischen den Arbeitsobjekten keine Kopplung besteht. Das komplette Montageobjekt wird an einem Standplatz (einer Baustelle) fertiggestellt, ohne dass ein Austausch von Mitarbeitern, Ressourcen oder Montageobjekten zwischen den Baustellen stattfindet. Dadurch kann nach dem Fertigstellen eines Montageabschnitts direkt mit dem nächsten Schritt begonnen werden.

---

[58] Vgl. Bullinger, H. J. (Systematische Montageplanung) 1984, S. 161

Taktmontage

Im Gegensatz dazu ist die Kopplung zwischen den Montageobjekten und Arbeitsvorgängen bei der Taktmontage mit starrer Stationszuordnung deutlich stärker. Im Bereich des Maschinenbaus bei der Montage von Großgeräten wird durch die große Kapitalbindung durch die Montageobjekte die Wirtschaftlichkeit der Fertigung stark negativ beeinflusst.[59] Im Folgenden wird daher davon ausgegangen, dass nur wenig Puffer im Montagesystem vorhanden sind. Ein Montageobjekt kann also nur dann weitergegeben werden, wenn die nachfolgende Bearbeitungsstation nicht durch ein anderes Montageobjekt belegt ist (siehe Abbildung 2.8). Puffer bezeichnen dabei die Zwischenlagerung von Werkstücken zwischen Arbeitsplätzen oder Abschnitten, die dem Ausgleich von Leistungsschwankungen und Störungen dienen.[60]

Abbildung 2.8: Taktmontage im Maschinenbau[61]

---

[59] Vgl. Lotter, B./Hartel, M. et al. (Manuelle Montage) 1998, S. 2

[60] Vgl. Heizmann, J. (Soziotechnologische Ablaufplanung) 1981, S. 44

[61] Eigene Darstellung in Anlehnung an Trumpf

Eine klassische Herausforderung ist die zeitliche Abstimmung der Arbeitsvorgänge. Die Einbindung von Arbeitsschritten mit einer starken Streuung der benötigten Arbeitszeit ist schlecht geeignet für die Einbindung in eine getaktete Montage, da die Bestimmung der Taktzeit deutlich schwieriger wird. Als klassisches Hindernis gelten dabei etwa zu großzügige Fertigungstoleranzen bei den Montageteilen, die aufwendige Justierarbeiten erforderlich machen.[62]

Da der Fokus dieser Arbeit auf der Fragestellung liegt, wie die Potenziale einer Taktmontage vorhergesagt werden können, soll im Folgenden kurz auf die Voraussetzungen eingegangen werden, die erfüllt sein müssen, um eine Taktmontage einzuführen.

Transportierbarkeit der Montageobjekte

Eine Grundvoraussetzung der Taktmontage ist die wirtschaftlich vertretbare Transportierbarkeit der Montageobjekte von Station zu Station. Technisch ist das Problem der Transportierbarkeit bei nahezu allen Montageobjekten, die nicht direkt an ihrem Einsatzort zu montieren sind, lösbar. Die Grenze der wirtschaftlich vertretbaren Transportierbarkeit muss über die Höhe der dafür aufzuwendenden Transportkosten abgeschätzt werden.[63]

Produktstruktur: Chassis Prinzip

Um den Montageprozess in einer Taktmontage abzubilden, muss die Erzeugnisstruktur von Produkten nach dem Chassis Prinzip aufgebaut sein. Das heißt, sie sollte aus einem Basiselement bestehen, an das die verschiedenen Bauelemente gefügt werden. Damit ist gewährleistet, dass sich ein Montageablauf für eine Hauptlinie der Taktreihe finden lässt, in dem der Arbeitsaufwand dominiert. Ist diese Bedingung nicht erfüllt, ergeben sich zwangsläufig zahlreiche Verzweigungen im Montageablauf, die einen erhöhten Koordinationsaufwand erfordern.[64]

Teilbarkeit des Montageprozesses

Der Montageprozess muss in eine genügend große Anzahl, zeitlich abgestimmter Arbeitsschritte teilbar sein.[65] In diesem Zusammenhang ist das Zusammenspiel von Taktzeit und der Anzahl an Arbeitsstationen ausschlaggebend. Der Montageprozess muss so aufgeteilt werden können, dass in jeder Station eine möglichst gleichmäßige

---

62 Vgl. Heizmann, J. (Soziotechnologische Ablaufplanung) 1981, S. 58
63 Vgl. Heizmann, J. (Soziotechnologische Ablaufplanung) 1981, S. 44
64 Vgl. Heizmann, J. (Soziotechnologische Ablaufplanung) 1981, S. 51
65 Vgl. Heizmann, J. (Soziotechnologische Ablaufplanung) 1981, S. 56

Auslastung erzielt wird. Dies muss unter der Einhaltung der Taktzeit gewährleistet werden können. Schwierigkeiten machen in diesem Zusammenhang beispielsweise langandauernde Prozesse wie Trockenzeiten.

HEIZMANN gibt zur Berechnung der minimalen Anzahl erforderlicher Arbeitsschritte s_min folgenden Zusammenhang an:[66]

Formel 2.1: Minimale Anzahl erforderlicher Arbeitsschritte

$$s_{min} = \frac{t_e * N(Z)}{Z}$$

s_{min}	--	minimal erforderliche Anzahl Arbeitsschritte
t_e	--	Gesamtmontagezeit je Produkt
N(Z)	--	Produktionsstückzahl N im Produktionszeitraum Z
Z	--	Produktionszeitraum

Räumliche Konzentration der Arbeitsgänge

Alle Arbeitsgänge, die von einem Mitarbeiter ausgeführt werden, müssen in örtlicher Konzentration im Bereich eines Arbeitsplatzes durchführbar sein. Das bedeutet, dass die dafür erforderlichen Betriebsmittel (Vorrichtungen, Hilfsmittel, Maschinen usw.) an einem Arbeitsplatz auf engem Raum bereitgestellt werden müssen.[67]

Mindeststückzahl

Eine genügend große Produktionsstückzahl pro Zeitintervall (z.B. Produktionsausstoß pro Jahr) ist auf Grund der hohen Investitionskosten für die Anlagen eine wesentliche Voraussetzung für die Einführung von Taktmontagesystemen.

Bestimmungsfaktoren für die Berechnung der erforderlichen Mindeststückzahl N_min sind nach HEIZMANN:[68]

66 Vgl. Heizmann, J. (Soziotechnologische Ablaufplanung) 1981, S. 56
67 Vgl. Heizmann, J. (Soziotechnologische Ablaufplanung) 1981, S. 56
68 Vgl. Heizmann, J. (Soziotechnologische Ablaufplanung) 1981, S. 60

Formel 2.2: **Erforderliche Mindeststückzahl**

$$N_{min} = \frac{Z * S_{min}}{t_e}$$

N_{min}	--	erforderliche Mindeststückzahl
t_e	--	Gesamtmontagezeit je Produkt
Z	--	Produktionszeitraum
S_{min}	--	gewünschte Mindestspezialisierung des Montageablaufs, minimale Stationszahl

Wird die so errechnete Mindeststückzahl nicht erreicht, muss überprüft werden, ob die zugrunde gelegte Mindestspezialisierung verringert werden kann.

Minimale Produktlebensdauer

Auch die zu erwartende Produktionsdauer, d.h. die Lebensdauer des Produktes am Markt, ist von großer Bedeutung für die Wirtschaftlichkeit einer Taktmontage. Der hohe zusätzliche Investitionsaufwand für die Einrichtung einer Taktlinie ist im Vergleich zu anderen Montagearten in der Regel relativ hoch. Daher muss der Absatz der darauf zu montierenden Produkte für einen längeren Zeitraum gesichert sein.

Die Mindestlebensdauer L_min berechnet sich bei statischer Betrachtung nach HEIZMANN wie folgt:[69]

Formel 2.3: **Mindestlebensdauer**

$$L_{min} = Z * \frac{I}{N * E}$$

L_{min}	--	Mindestlebensdauer
Z	--	Produktionszeitraum
I	--	einmalige Mehrkosten bei Einführung Montage
N	--	Produktionsausstoß im Produktionszeitraum Z
E	--	Einsparung pro Stück bei Taktmontage

2.4 Problemstellung in der Praxis

Nachdem in den vorangegangenen Kapiteln die Bedeutung der Montage für die Wirtschaft sowie die Charakteristiken und die Organisationsformen der Montage im Ma-

69 Vgl. Heizmann, J. (Soziotechnologische Ablaufplanung) 1981, S. 61

schinen- und Anlagenbau eingeführt wurden, wird im Folgenden auf die Problemstellung in der industriellen Praxis eingegangen. Der Ansatz, die Problemstellung aus der Praxis herzuleiten, beruht auf der Forschungsmethodik nach ULRICH, wie sie in Kapitel 1.2 vorgestellt wurde.

Der Fokus der Arbeit liegt auf manuellen Montagesystemen im Maschinenbau. Aufgrund der im Vergleich geringen Stückzahl und der Größe der Produkte ist der Maschinenbau genau in einem Grenzbereich zwischen Standplatz- und Taktmontage (siehe Abbildung 2.9).

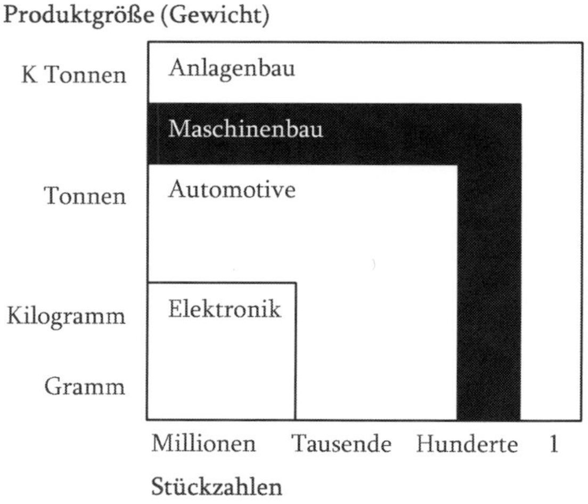

Abbildung 2.9: Einordnung des Maschinenbaus

Das führt dazu, dass gerade im Maschinenbau die Frage nach der geeigneten Montagestruktur sehr präsent ist und Unternehmen vor der Frage stehen, ob der Übergang von einer Standplatzmontage hin zu einer Taktmontage Produktivitätsvorteile bringt. Aus dieser Frage heraus ergibt sich das Praxisproblem:

Wie können Unternehmen, die sich im Grenzbereich zwischen Standplatz- und Taktmontage befinden, wie es im Maschinenbau häufig vorkommt, entscheiden, welche Organisationsform der Montage eine höhere Produktivität ermöglicht?

2.5 Theorieproblem und Forschungsfrage

Im Folgenden wird erläutert, warum die beschriebene Problemstellung aus der Praxis eine Paradoxie beinhaltet, die zur Forschungsfrage dieser Arbeit führt.

In der Praxis hat sich gezeigt, dass Unternehmen, die eine Taktmontage einführen, sehr erfolgreich mit dieser Umstellung sind (siehe Abbildung 2.10). Bereits nach einem Jahr reduziert sich die Durchlaufzeit der Produkte drastisch und die Mitarbeiterproduktivität steigt. Allerdings muss dabei berücksichtigt werden, dass die aufgeführten Beispiele aus Veröffentlichungen und Geschäftsberichten stammen und es damit wahrscheinlicher ist, dass nur die erfolgreichen Umstellungsprojekte ihren Weg an die Öffentlichkeit finden. Es muss also davon ausgegangen werden, dass es auch negative Beispiele in der Industrie gibt. Dies spielt jedoch für die vorliegende Problemstellung keine Rolle, da es aus der Theorie heraus keine erfolgreichen Beispiele geben dürfte. Dies soll im Folgenden anhand eines Gedankenexperimentes erläutert werden.

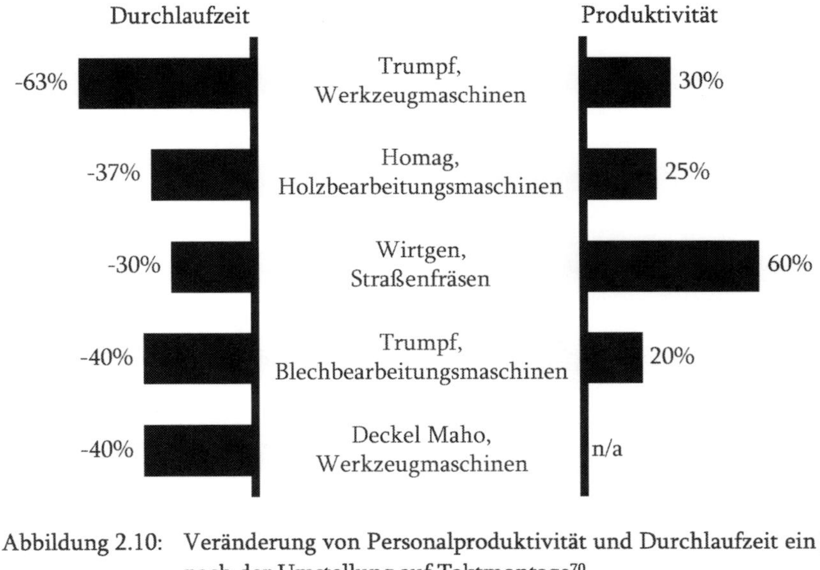

Abbildung 2.10: Veränderung von Personalproduktivität und Durchlaufzeit ein Jahr nach der Umstellung auf Taktmontage[70]

[70] Vgl. Müller, Bernd-Uwe; Vortrag „Best Practice bei TRUMPF: Fertigungsgestaltung mit SYNCHRO“ beim Seminar Lean Production, Aachen, 04.08.2008; S. 16.; Zozo, A.-C. (Die rollende Fabrik) 2009 ; Wirtgen

Als Gedankenexperiment gehen wir von einer einfachen Montageaufgabe aus, die sich in drei Vorgänge (Teilverrichtungen) unterteilen lässt. Vorgang 1 hat einen Montageinhalt von drei Stunden, Vorgang 2 von vier Stunden und Vorgang 3 von drei Stunden (siehe Abbildung 2.11). Drei Mitarbeiter stehen zur Verfügung, um die Montage der Produkte durchzuführen, und vereinfachend wird davon ausgegangen, dass es keine Tätigkeiten gibt, bei denen zwei Mitarbeiter gleichzeitig benötigt werden. Darüber hinaus gibt es nur eine Produktvariante.

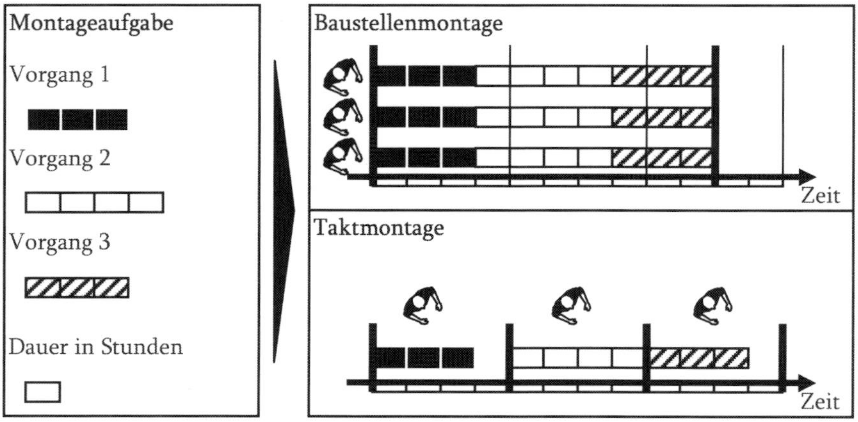

Abbildung 2.11: Aufbau Gedankenexperiment Taktmontage vs. Standplatzmontage

Ausgehend von der Montageaufgabe schauen wir uns im nächsten Schritt die beiden Organisationsformen der Montage an. In der Standplatzmontage werden drei Montageplätze benötigt, denen jeweils ein Mitarbeiter zugeordnet ist. In der Taktmontage werden ebenfalls drei Montageplätze benötigt. Der Platzbedarf der beiden Organisationsformen ist also identisch. In der Taktmontage ist jeder Montagestation ein Mitarbeiter zugeordnet. Der Unterschied zwischen Standplatz- und Taktmontage liegt in der Zuordnung der Montagevorgänge zu den Mitarbeitern und darin, dass in der Taktmontage das Produkt von Station zu Station bewegt wird. Die Transportzeit des Produktes wird in diesem Gedankenexperiment ebenfalls vernachlässigt. Die Mitarbeiter in der Standplatzmontage führen alle Montagevorgänge (1-3) hintereinander aus. In der Taktmontage sind die Mitarbeiter jeweils auf einen Montagevorgang spezialisiert. Dies muss nicht zwingend der Fall sein. Es gibt ebenso viele Beispiele von

Group („Takt"isch klug: Wirtgen führt Fließfertigung ein) 2007, S. 9; Trumpf (Alles fließt) 1999; Gildemeister (Geschäftsbericht 2007) 2007, S. 81

Taktmontagen, in denen sich die Mitarbeiter zusammen mit dem Produkt von Station zu Station bewegen, weswegen wir in diesem Gedankenexperiment die Produktivitätssteigerung durch Skaleneffekte ebenfalls vernachlässigen können.

Was sind nun die Ergebnisse dieses einfachen Gedankenexperimentes? Die Durchlaufzeit eines Produktes in der Standplatzmontage ist immer zehn Stunden, da der Mitarbeiter ohne Wartezeiten das gesamte Produkt montieren kann.[71] In der Taktmontage sind die Mitarbeiter aufgrund der Verkettung der Stationen voneinander abhängig und müssen sich an der Montagezeit des längsten Vorgangs orientieren, der gleichzeitig die Taktzeit der Linie bestimmt. Die Durchlaufzeit eines Produktes beträgt also 3x4=12 Stunden. Zwei Stunden mehr als in der Standplatzmontage (siehe Abbildung 2.12).

Auch bei der Auslastung der Mitarbeiter ist zu erkennen, dass die Standplatzmontage gegenüber der Taktmontage Vorteile bietet. Aufgrund der Taktausgleichsverluste[72] kommt die Taktmontage nur auf eine Auslastung der Mitarbeiter von 83,33%, die Standplatzmontage dagegen auf 100%.

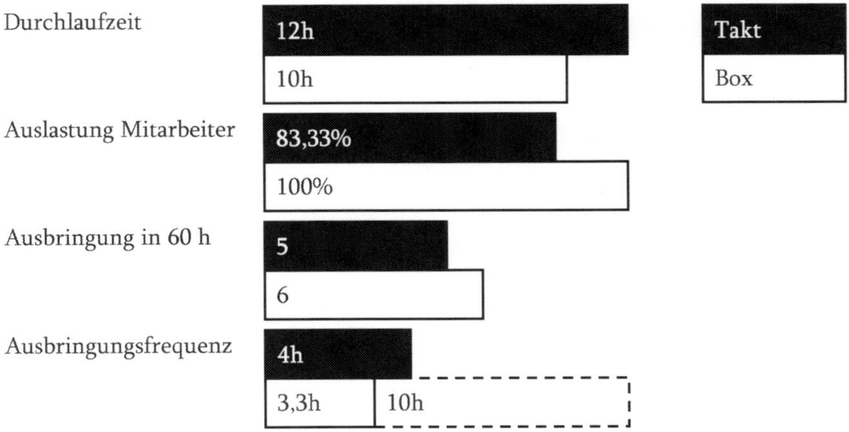

Abbildung 2.12: Ergebnisse des Gedankenexperiments Taktmontage vs. Standplatzmontage

[71] Im Gedankenexperiment werden keine Schichtzeiten oder Schichtwechsel berücksichtigt.

[72] Unter Taktausgleichsverlusten wird die Differenz zwischen Stationszeit und Taktzeit verstanden. Bei der Auslegung von Montagelinien sind Taktausgleichszeiten zwischen 15% und 25% üblich, sodass das Gedankenexperiment eine übliche Linieneffizienz aufweist.

Die Ausbringung in einem Zeitintervall von 60h ermöglicht in der Standplatzmontage 6 Produkte, in der Taktmontage nur 5. Einzig die Ausbringungsfrequenz ist bei der Taktmontage stetiger. Durch die Perlenkette, die in den Stationen der Taktmontage entsteht, wird alle vier Stunden (Taktzeit) ein Produkt fertig. In der Standplatzmontage, vorausgesetzt die drei Montagen starten gleichzeitig, ist die Frequenz 10 Stunden. Dann allerdings werden direkt drei Produkte fertig. Aufgrund der fehlenden Abhängigkeit der Prozesse ist in der Standplatzmontage aber von einer unregelmäßigen Frequenz auszugehen.

Das Gedankenexperiment zeigt also, dass die Standplatzmontage eindeutige Vorteile gegenüber der Taktmontage bietet. Darin liegt die Paradoxie zu den Erfahrungen mit der Einführung von Taktmontagesystemen in der Praxis. Das Gedankenexperiment spiegelte zwar ein sehr vereinfachtes Modell der Realität wider, das aber dennoch die wesentlichen Elemente heutiger Theorien zur Bewertung von Montagesystemen beinhaltet. Die wissenschaftlichen Modelle und Theorien, auf der einen Seite, kommen zu dem Schluss, dass Standplatzmontagesysteme eine höhere Produktivität aufweisen.[73] Im Gegenzug dazu zeigt die industrielle Praxis, dass Taktmontagesysteme schon nach kurzer Zeit nach der Einführung deutliche Produktivitätsvorteile gegenüber Standplatzmontagesystemen aufweisen kann (siehe Abbildung 2.10).

Aus dieser Paradoxie zwischen industrieller Praxis und Theorie leitet sich die Forschungsfrage ab:

Wie kann der Einfluss der Montagestruktur auf die Leistungsentwicklung manueller Montagesysteme unter Berücksichtigung der Dynamik in einem Theoriemodell abgebildet werden, das die Produktivität des Montagesystems vorhersagbar macht?

Relevanz der Forschungsfrage für Forschungscommunity

Die Berücksichtigung sozialer Aspekte bei der Gestaltung sozio-technischer Produktionssysteme ist gerade vor dem Hintergrund der aktuellen Debatte um Industrie 4.0 von hoher Relevanz. Dies zeigt z.B. die Studie des Fraunhofer IAO zum Thema Produktionsarbeit der Zukunft.[74]

Im Exzellenzcluster „Integrative Produktionstechnik für Hochlohnländer“, das durch die DFG gefördert wird, ist die Arbeit im Teilcluster „High Resolution Production

[73] Siehe hierzu auch Stand der Technik in Kapitel 3

[74] Vgl. Spath, D. et al. (Produktionsarbeit der Zukunft - Industrie 4.0) 2013, S. 85 und S. 98

Systems“ (CoE-D1) und in den Cross Sectional Processes (CSP 2) zur Produktionstheorie verankert.

Darüber hinaus zeigen aktuelle Veröffentlichungen die Relevanz sozialer Aspekte bei der Gestaltung und Optimierung technischer und soziotechnischer Systeme.[75] Insbesondere sind hier KAIHARA und NISHINO zu nennen.

2.6 Eingrenzung des Objektbereiches

Nach der Einführung der Forschungsfrage und des Praxisproblems wird nun die Eingrenzung des Objektbereiches dargestellt. Der Grund für die Eingrenzung des Objektbereiches liegt in dem Versuch, das komplexe System der Montageorganisation so einzugrenzen, dass ein überschaubares Maß an Einflussfaktoren übrig bleibt, die im weiteren Verlauf der Arbeit zur Lösung des Problems führen sollen. Dabei werden insbesondere Bereiche ausgeklammert, die zwar einen entscheidenden Einfluss auf die Produktivität der Montage als Ganzes haben, für den dargestellten Problemzusammenhang aber von untergeordneter Bedeutung sind. Die leitende Fragestellung lautet: Was ist der kleinste Objektbereich, der die aufgezeigte Problemstellung abbildet?

Hierzu müssen zunächst die Einflussdimensionen dargestellt werden und im nächsten Schritt der Objektbereich der Montageorganisation systematisch eingegrenzt werden.

Die Einflussdimensionen werden aus der Analyse des Stands der Technik abgeleitet (siehe Kapitel 3) und bilden acht Dimensionen: Leistungsbewertung, Ergonomie, Hilfsmittel & Werkzeuge, Arbeitsorganisation, Logistik & Materialbereitstellung, Layout, Steuerung und Montage als soziotechnisches System (siehe Abbildung 2.13).

Der Objektbereich der Montageorganisation wird in dieser Arbeit in zwei Schritten eingegrenzt (siehe Abbildung 2.13). Ausgehend von der manuellen Montage im Allgemeinen findet die erste Eingrenzung mit der Fokussierung auf den Maschinenbau statt. Diese Eingrenzung wurde gewählt, weil gerade im Maschinenbau eine Grenzsituation bezüglich der Montageorganisation vorliegt (siehe Abbildung 2.9). Aufgrund der Stückzahlen und der Größe der Montageobjekte gibt es keine eindeutig favorisierte Organisationsform wie z. B. in der Automobilproduktion oder in der Elektronikindustrie, wo Taktmontagesysteme vorherrschen.

---

75 Vgl. Kaihara, T. et al. (Optimized Scheduling) 2012

Fokussierung des Objektbereiches

x Starker Einfluss

Geringer Einfluss

	Taktmontage allgemein	Maschinenbau	kurz nach Umstellung auf Taktmontage
Leistungsbewertung	x	x	x
Ergonomie	x		
Hilfsmittel und Werkzeuge	x		
Arbeitsorganisation	x	x	x
Logistik & Materialbereitstellung	x	x	
Layout	x		
Steuerung	x	x	
Montage als soziotechnisches System	x	x	x

Abbildung 2.13: Eingrenzung des Objektbereiches

Die zweite Eingrenzung des Objektbereiches ist die Betrachtung der Zeitdauer nach einer Umstellung von einer Standplatzmontage in eine Taktmontage. Die dargestellten Produktivitätssteigerungen der Taktmontage in Abbildung 2.10 beziehen sich auf einen Zeitraum von einem Jahr nach der Umstellung der Montageorganisation. Diese Eingrenzung hat den Hintergrund, dass eine Rückkopplung auf benachbarte Organisationseinheiten, wie Logistik, Einkauf, Betriebstechnik, Industrial Engineering und Vertrieb reduziert werden soll. Der Systemwechsel von einer Standplatzmontage zu einer Taktmontage hat zweifelsohne einen Einfluss auf die gesamte Organisationsstruktur eines Unternehmens. Dieser Einfluss erzeugt wiederum eine Rückkopplung auf die Produktivität des Montagesystems. Durch die Eingrenzung des Betrachtungszeitraums können derartige Rückkopplungen reduziert werden.

Die Einflussdimensionen werden im nächsten Schritt bezüglich ihrer Bedeutung für die Problemstellung und deren Relevanz im eingegrenzten Objektbereich diskutiert.

Leistungsbewertung

Die Leistungsbewertung des Montagesystems spielt eine zentrale Rolle in dieser Arbeit und wird durch die oben beschriebenen Schritte zur Eingrenzung des Objektbereiches nicht eingegrenzt.

Ergonomie

Die Ergonomie als solche spielt in der manuellen Montage natürlich eine große Rolle. Im Betrachtungsbereich der Arbeit zwischen Standplatzmontage und Taktmontage hat die Ergonomie der Montage aber in beiden Organisationsformen den gleichen Einfluss und kann aufgrund dessen vernachlässigt werden. Dies wird noch dadurch verstärkt, dass sich der Objektbereich dieser Arbeit auf den Maschinenbau fokussiert, wo aufgrund der Produktgröße spezialisierte Vorrichtungen und Handlingsysteme eine untergeordnete Rolle spielen.

Hilfsmittel und Werkzeuge

Dies ist auch der Grund für die Vernachlässigung der Hilfsmittel und Werkzeuge. Sie spielen sowohl in der Standplatzmontage als auch in der Taktmontage gleichermaßen eine Rolle. Darüber hinaus sind die Potenziale für eine Spezialisierung der Werkzeuge und Vorrichtungen in der Taktmontage im Maschinenbau aufgrund der geringen Stückzahl und der großen Varianz der Produkte gering. Die Länge der Taktzeit von mehreren Stunden führt zu einem geringen Unterschied zwischen Taktmontage und Standplatzmontage. Mögliche Potenziale für spezialisierte Hilfsmittel und Werkzeuge gelten demnach für beide Organisationsformen gleichermaßen.

Arbeitsorganisation

Die Arbeitsorganisation ist verständlicherweise eine zentrale Einflussdimension dieser Arbeit.

Logistik & Materialbereitstellung

Die Logistik und Materialbereitstellung ist eines der Haupthindernisse für die Umstellung auf eine Taktmontage im Maschinenbau (siehe Kapitel 2.3). Dennoch spielt sie nach der Eingrenzung des Objektbereiches nur eine untergeordnete Rolle. In dieser Arbeit werden Montagesysteme verglichen, die prinzipiell für beide Organisationsformen die Voraussetzungen mitbringen. Die Fehlteilproblematik des Maschinenbaus soll in dieser Arbeit explizit ausgeklammert werden. Dies wird durch die zweite Eingrenzung des Objektbereiches noch einmal verstärkt. Der Einfluss, den der

Druck auf die Logistik und Materialbeschaffung aufgrund der Zwangsfolge einer Taktmontage ausübt, fällt durch die zeitliche Eingrenzung des Betrachtungsbereiches nur wenig ins Gewicht. Dieser Druck kann jedoch in einer langfristigen Perspektive einer der Beweggründe für die Umstellung in eine Taktmontage sein.

Layout

Das Layout, insbesondere die räumliche Gestaltung des Arbeitsplatzes spielt in dieser Arbeit eine untergeordnete Rolle. Dies ist vielleicht die überraschendste Eingrenzung.

Die Ausklammerung von Layoutfragestellungen in dieser Arbeit ist wieder auf die Fokussierung auf den Maschinenbau zurückzuführen. Bei der Betrachtung von einzelnen Montagestationen, die aus dem Kontext herausgezogen werden, ist eine Zuordnung der Montageorganisationsform kaum möglich. Das einzige Indiz für die Organisationsform ist das Transportmittel in der Taktmontage, welches das Produkt von Station zu Station transportiert. Da aufgrund der Größe der Produkte kontinuierliche Fließmontagen im Maschinenbau absolut unüblich sind, kann dies aber vernachlässigt werden. Die Anordnung von bereitgestellten Materialien, Werkzeugen und Hilfsmitteln unterscheidet sich dagegen zwischen den beiden Organisationsformen kaum.

Der makroskopische Einfluss des Layouts hat natürlich durchaus einen Einfluss auf die Leistung des Montagesystems und wird in dieser Arbeit über die Einflussdimensionen Arbeitsorganisation und Montage als soziales System abgebildet.

Steuerung

Mit der Steuerung verhält es sich ähnlich wie mit der Materialbereitstellung. Die Organisationsform der Montage macht insbesondere in der Koordination des Zusammenspiels von Vormontagen und Endmontage einen Flexibilitätsunterschied. Dieser Einfluss soll ebenfalls durch die Eingrenzung des Betrachtungszeitraums reduziert werden.

Montage als soziales System

Die Montage als soziales System ist eine zentrale Einflussgröße dieser Arbeit und steht im Zentrum der Lösung in den Kapiteln 5 und 6.

3 Stand der Forschung

Im folgenden Kapitel wird der Stand der Forschung aufbereitet und in einen historischen Kontext eingebettet. Das Forschungsfeld wurde hierzu in sechs Teilbereiche unterteilt, die jeweils einzeln beschrieben werden (siehe Abbildung 3.1). Den Anfang bilden die Ursprünge der Systematischen Montageplanung, gefolgt von Bestrebungen der Standardisierung mit Refa und Method Time Measurement (MTM). Danach wird detailliert auf die Entwicklung der Montageplanung, den Einfluss von Lean Production auf die Gestaltung manueller Montagesysteme und die Logistik eingegangen. Darüber hinaus wird der Fokus auf den Aachener Beitrag zur Planung manueller Montagesysteme herausgearbeitet.

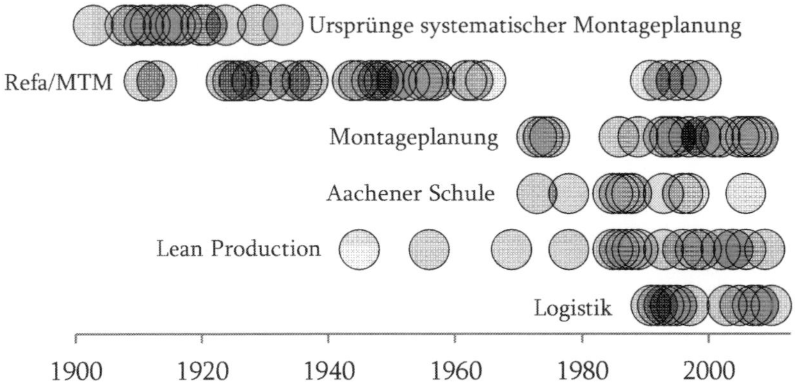

Abbildung 3.1: Überblick über den Stand der Forschung[76]

Die Aufbereitung des Stands der Forschung geschieht an einer Einordnung und Übersicht der relevanten Literatur und wissenschaftlichen Veröffentlichungen zu den Schwerpunkten der Arbeit. Jedes Unterkapitel wird mit einer Tabelle abgeschlossen,

[76] Jeder Punkt stellt eine Quelle dar

in der eine Übersicht der relevanten Meilensteine in Verbindung mit den Personen und dem Ort dargestellt wird.

Der Stand der Forschung wird anhand von acht Kategorien eingeordnet, die am Ende des Kapitels dazu dienen, den Handlungsbedarf dieser Arbeit aufzuzeigen. Die acht Kategorien sind: Leistungsbewertung, Ergonomie, Hilfsmittel und Werkzeuge, Arbeitsorganisation, Logistik, Layout, Montagesteuerung, soziotechnisches System.

Den Abschluss des Kapitels bilden eine Zusammenfassung und die Herleitung des Handlungsbedarfes dieser Arbeit vor dem Hintergrund der in Kapitel 2 hergeleiteten Forschungsfrage.

3.1 Ursprünge systematischer Montageplanung

Die Ursprünge der systematischen Montageplanung liegen am Anfang des 20sten Jahrhunderts. In dieser Zeit vollzog die Industrie einen großen Wandel, der heute als zweite Industrielle Revolution oder Taylorismus bzw. Fordismus bekannt ist.

Die Treiber dieses Wandels waren vor allem TAYLOR und das Ehepaar GILBRETH, deren Leistung darin besteht, die Untersuchung von Arbeitsabläufen auf eine systematische, wissenschaftliche Basis zu stellen.

Bereits 1903 veröffentlichte TAYLOR seine Arbeiten „Shop Management“ [77] und 1911 „The Principles of Scientific Management“[78]. Der leitende Gedanke bei Taylor ist, dass zur systematischen Verbesserung von Arbeitsabläufen eine Trennung zwischen Planung und Durchführung erforderlich ist. Dies ist vor allem vor dem Hintergrund der Fabrikorganisation der damaligen Zeit zu betrachten: Die Arbeitsorganisation lag in der Fertigung und wurde nicht zentral gesteuert.[79] Ein Ausbildungssystem, wie es dies heute in vielen Ländern, insbesondere in Deutschland, gibt, war damals nicht vorhanden. Die internen Abläufe auf dem Shop Floor entzogen sich fast komplett dem Eingriff des Fabrikmanagements. Dem setzte TAYLOR seine Idee des „Scientific Management“ entgegen. Die Kernidee lag darin, die Planung der Abläufe systematisch mit einer wissenschaftlichen Methode zu betreiben und in die Hand des Managements zu legen. Die zur gleichen Zeit aufkommende Idee der Fließbandarbeit bei FORD kam Taylor dabei sehr entgegen. Die kleinschrittige Unterteilung der

[77] Vgl. Taylor, F. W. (Shop Management) 1911; vgl. Wren, D. A. (Scientific Management) 2011, S. 14f.

[78] Vgl. Taylor, F. W. (The Principles of Scientific Management) 1913; vgl. Giannantonio, C. M. (The Principles of Scientific Management) 2011, S. 7; vgl. Wren, D. A. (Scientific Management) 2011, S. 19

[79] Vgl. Böhrs, H./Bramesfeld, E./Euler, H. (Arbeits- und Zeitstudium) 1948, S. 9

Arbeitsabläufe erleichtert auch die systematische Verbesserung der Produktivität mit den damaligen Mitteln die Komplexität der Zusammenhänge eines Arbeitssystems abzubilden.

Die Ideen von TAYLOR verbreiteten sich schnell in Deutschland. Schon 1909 wurde zum Beispiel „Shop Management" von WALLICHS in Aachen übersetzt.[80]

Auch das Ehepaar LILLIAN und FRANK GILBRETH beschäftigte sich mit der systematischen Verbesserung von manuellen Arbeitsabläufen. 1908 veröffentlichte FRANK GILBRETH „Field System"[81] und 1909 „Bricklaying System"[82] mit den ersten Motion Studies, die er bis 1911 als eigenständige Methode in „Motion Study: a method for increasing the efficiency of workman"[83] und „Primer of Scientific Management"[84] etablierte. Auch LILLIAN GILBRETH führte zahlreiche systematische Untersuchungen zu Bewegungsabläufen und Motion Studies durch (siehe Abbildung 3.2), die als Grundlage für die späteren Systeme vorbestimmter Zeiten gesehen werden können (siehe Kapitel 3.2): „Fatigue Study"[85], „Applied motion study: a collection of papers on the efficient method to industrial preparedness"[86], „Measurement of the Human Factor in Industry"[87], „Motion Study for the handicapped"[88] und „Process Charts: First steps in finding the One Best Way to do work"[89].

Eine wichtige grundlegende Erkenntnis des Ehepaars GILBRETH ist, dass „Form und Kombination der Bewegung sich völlig ändern, wenn sich die Schnelligkeit der Arbeit ändert".[90] Daraus leitete LILLIAN GILBRETH ab, dass es beim Anlernen von Mitarbeitern wichtiger ist, den Fokus erst auf die Schnelligkeit zu legen und erst im zweiten Schritt auf die Qualität der Arbeit. Sie konnte in Experimenten nachweisen,

---

80 Vgl. Böhrs, H./Bramesfeld, E./Euler, H. (Arbeits- und Zeitstudium) 1948, S. 13

81 Vgl. Gilbreth, F. B. (Field System) 1908; McMurray, E. J. (Notable Twentieth Century Scientists) 1995, S. 759-760; Mees, B. (Mind, Method and Motion) 2013, S. 3

82 Vgl. Gilbreth, F. B. (Bricklaying System) 1909, S.140; Mees, B. (Mind, Method and Motion) 2013, S. 3

83 Vgl. Gilbreth, F. B. (Motion Study) 1911; Mees, B. (Mind, Method and Motion) 2013, S. 7

84 Vgl. Gilbreth, F. B. (Primer of Scientific Management) 1912; Mees, B. (Mind, Method and Motion) 2013, S. 6

85 Vgl. Gilbreth, F. B. (Fatigue Study) 1916; Mees, B. (Mind, Method and Motion) 2013, S. 8

86 Gilbreth, F. B. (Applied Motion Study) 1917; Mees, B. (Mind, Method and Motion) 2013, S. 8; Price, B. (Motion Study) 1989, S. 93f.

87 Gilbreth, F. B. (Measurement of the Human Factor in Industry) 1917

88 Gilbreth, F. B. (Motion Study for the Handicapped) 1920; Mees, B. (Mind, Method and Motion) 2013, S. 9

89 Gilbreth, F. B. (Process Charts) 1921

90 Vgl. Böhrs, H./Bramesfeld, E./Euler, H. (Arbeits- und Zeitstudium) 1948, S. 17

dass dies der effizientere und schnellere Weg ist, um Qualität und Schnelligkeit in Kombination zu erreichen.[91]

Sowohl TAYLOR als auch das Ehepaar GILBRETH lebten zu der Zeit an der Ostküste der USA.

1909 gründete DIEMER in Pennsylvania das erste Industrial Engineering Department.[92] Bis heute liegt die organisatorische Verankerung der Problemstellung dieser Arbeit im Industrial Engineering. 1911 veröffentlichte GOING in New York „The Principles of Industrial Engineering."[93]

Parallel zu den Aktivitäten im Bereich der systematischen Analyse und Optimierung von Bewegungsabläufen an der Ostküste der USA wurde in Deutschland der Betriff der Psychotechnik geprägt. HUGO MÜNSTERBERG aus Berlin griff den Begriff auf und veröffentlichte 1914 „Grundzüge der Psychotechnik".[94] Er schränkte den Begriff stärker auf den Bereich der Wirtschaft und den Menschen im Arbeitsprozess ein. Dabei sollte die Psychotechnik ein Mittel sein, um wertfrei das Zusammenspiel von Mensch und Technik vor dem Hintergrund wirtschaftlicher Ziele zu verfolgen.

Abbildung 3.2: Beispiel für Motion Studies von GILBRETH[95]

Diese Verknüpfung von psychologischen Aspekten und technischen Fragen der Produktivität spielt auch bei FRANK GILBRETH eine Rolle.[96] Daran ist zu sehen, dass die

[91] Vgl. Böhrs, H./Bramesfeld, E./Euler, H. (Arbeits- und Zeitstudium) 1948, S. 18

[92] Nelson, D. (Scientific Management since Taylor) 1992, S. 84

[93] Going, C. B. (The Principles of Industrial Engineering) 1911

[94] Münsterberg, H. (Grundzüge der Psychotechnik) 1914; Nerdinger, F. W. (Arbeits- und Organisationspsychologie) 2008, S. 22f.

[95] Eigene Darstellung in Anlehnung an Gilbreth

Idee des „Scientific Management“ sich schnell ausbreitete und auch kritische Aspekte über die gesellschaftlichen Auswirkungen diskutiert wurden.[97] 1924 fand darauf hin der erste internationale Management Kongress der Geschichte in Prag statt.[98]

Von besonderem Interesse für die vorliegende Arbeit ist die Veröffentlichung von HEINRICH DÜKER aus Göttingen zu „Psychologischen Untersuchungen über die Arbeit am laufenden Band“.[99] DÜKER konnte in mehreren Versuchsreihen zeigen, dass eine getaktete gegenüber einer „freien“ Arbeitsorganisation Leistungsvorteile hat (siehe Abbildung 3.3).

Darüber hinaus konnte er auch eine geringere Anzahl Fehler und eine höhere Arbeitszufriedenheit nachweisen. Spannend ist die Erklärung, die DÜKER für diesen Effekt anbietet. Er kommt zu dem Schluss, dass die freie Arbeit mehr Energie benötigt als die wesentlich höhere Leistung der getakteten („zwangsläufigen“) Arbeit. Als psychologische Ursachen gibt er an, dass die freie Arbeit eine höhere Anspannung erfordert:[100]

„Zu jeder Handlung – und ist sie noch so einfach – ist ein besonderer Willensentschluss notwendig, dessen Hervorbringung Entschlusskraft erfordert. Das ist auch während der Arbeit der Fall, z. B. beim Verrichten der verschiedenen Handgriffe. Nur werden diese Entschlüsse gewöhnlich nicht bemerkt, da bei fortlaufender Arbeit eine Handlung die andere jagt und daher keine Zeit zur Selbstbeobachtung und zum Reflektieren bleibt. Auch ist die aufzuwendende Entschlusskraft meist zu gering, um den Entschluss klar hervortreten zu lassen. ... Obwohl von der Versuchsperson die fortlaufend gefassten Entschlüsse nicht bemerkt werden, so beanspruchen sie doch Entschlusskraft, deren Verbrauch bei längerer Arbeitsdauer oft stark hervortritt. Der Verbrauch dieser Willensenergie ist bei der getakteten Arbeit viel geringer als bei der freien Arbeit.“

96 Gilbreth, L. M. (The Psychology of Management) 1914; Layne, M. E. (Women in Engineering) 2009, S. 112

97 Hoxie, R. F. (Scientific Management and Labor) 1915; Kapuria-Foreman, V./McCann, C. R. (Scientific Management and Labor) 2011, S. 1; Mayo, G. E. (Industrial Civilization) 2005; Bruce, K./ Nyland, C. (Deification of Human Relation) 2011, S. 384f.

98 McMurray, E. J. (Notable Twentieth Century Scientists) 1995, S. 760

99 Düker, H. (Arbeit am laufenden Band) 1929, S. 214

100 Düker, H. (Arbeit am laufenden Band) 1929, S. 222

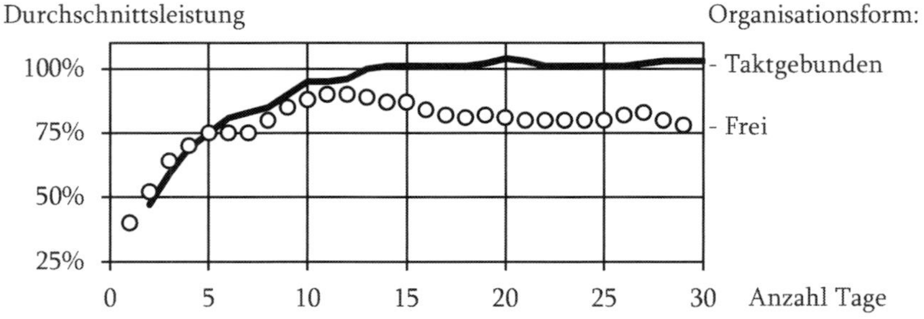

Abbildung 3.3: Ergebnisse der Untersuchungen von DÜKER

Zwischenfazit

Die Ursprünge der systematischen Montageplanung waren geprägt von dem Ansatz, durch wissenschaftliche Versuche und systematisches Vorgehen Regeln und Gesetzmäßigkeiten für das Arbeitssystem abzuleiten. Dies bezog sich in starkem Maße auf die Rolle des Menschen im Arbeitssystem. Die Schwerpunkte lagen in der Leistungsbewertung und Ergonomie sowie in der Arbeitsorganisation. In der folgenden Tabelle sind die Meilensteine dieser Phase noch einmal zusammengefasst (siehe Tabelle 3.1).

Tabelle 3.1: Ursprünge systematischer Montageplanung

Jahr	Ort	Personen	Ereigniss
1903	Pennsylvania	Taylor, Frederick Winslow	Veröffentlichung von „Shop Management"
1908	Boston, MA	Gilbreth, Frank Bunker	Veröffentlichung von „Field System“
1909	Pennsylvania	Diemer, Hugo	Gründung des ersten Industrial Engineering Departments
1909	Boston, MA	Gilbreth, Lillian Moller & Frank B.	Veröffentlichung von „Bricklaying System“ (Erste „Motion Study“
1911	Philadelphia, PA	Taylor, Frederick Winslow	Veröffentlichung von „The Principles of Scientific Management“
1911	Providence, RI	Gilbreth, Frank Bunker	Veröffentlichung von „Motion Study: a method for increasing the efficiency of workman“
1911	New York City, NY	Going, Charles Buxton	Veröffentlichung von „The Principles of Industrial Engineering“
1912	Providence, RI	Gilbreth, Frank Bunker	Veröffentlichung von „Primer of Scientific Management“
1914	Berlin	Münsterberg, Hugo	Veröffentlichung von „Grundzüge der Psychotechnik“
1914	Providence, RI	Gilbreth, Lillian Moller	Veröffentlichung von „The Psychology of Management“
1915	Chicago, IL	Hoxie, Robert F.	Veröffentlichung von „Scientific Management and Labor“
1916	Providence, RI	Gilbreth, Lillian Moller & Frank B.	Veröffentlichung von „Fatigue Study“
1917	Providence, RI	Gilbreth, Lillian Moller & Frank B.	Veröffentlichung von „Applied motion study: a collection of papers on the efficient method to industrial preparedness“
1917	Providence, RI	Gilbreth, Lillian Moller & Frank B.	Veröffentlichung von „Measurement of the Human Factor in Industry“
1920	Montclair, NJ	Gilbreth, Lillian Moller & Frank B.	Veröffentlichung von „Motion Study for the handicapped“
1921	Montclair, NJ	Gilbreth, Lillian Moller & Frank B.	Veröffentlichung von „Process Charts: First steps in finding the One Best Way to do work“
1924	Prag	Gilbreth, Frank Bunker	Erster internationaler Management Kongress der Geschichte in Prag
1929	Göttingen	Düker, Heinrich	Veröffentlichung von „Psychologische Untersuchungen über die Arbeit am laufenden Band“
1933	Cambridge, MA	Mayo, George Elton	Veröffentlichung von „The Human Problems of an Industrial Civilization“

3.2 Refa und MTM

Direkt nach den Ursprüngen der systematischen Montageplanung beginnt eine Phase der systematischen Bestimmung von Vorgabezeiten. Dabei sind zwei Ansätze von besonderer Bedeutung. Sie gehen jeweils von unterschiedlichen Richtungen an die Fragestellung heran, valide Vorgabezeiten für die Montage zu erzeugen. Das System der vorbestimmten Zeiten (im Englischen Methods Time Measurement, MTM) baut auf den Arbeiten von GILBRETH auf und verwendet Zeitblöcke für vorbestimmte Bewegungsfolgen. Im Gegensatz dazu hat Refa (Reichsausschuss für Arbeitszeitermittlung) eine Systematik entwickelt, mit deren Hilfe Planzeiten direkt in der Produktion mithilfe der Stoppuhr ermittelt werden können. Die Entwicklung der beiden Ansätze wird im Folgenden dargestellt.

Die Entwicklung von Refa

In Deutschland wurden die Arbeitsstudien von TAYLOR und GILBRETH von Anfang an mit großem Interesse verfolgt. Die Übertragung der Ideen auf die Arbeitsverhältnisse in Deutschland wurde von vorn herein als gemeinschaftliche Aufgabe angesehen. Schon 1924 wurde in Berlin zu diesem Zweck durch den VDI der Reichsausschuß für Arbeitszeitermittlung (Refa) gegründet.[101] Die Aufgabe von Refa war:

„alles was sich auf dem Gebiet der Arbeitszeitermittlung, [...] in Wissenschaft und Praxis, in den Betrieben und im Schrifttum, zerstreut findet, zu sammeln, zu sichten und in einer Form der Öffentlichkeit zugänglich zu machen, die zum Selbststudium und zur Unterlage besonderer Lehrgänge geeignet ist.“[102]

Die „Refa-Männer“ in den Unternehmen hatten die Aufgabe, die Leistung und einen gerechten Arbeitslohn zu bestimmen.[103] Innerhalb der ersten vier Jahre nach der Gründung wurden über 5000 Refa-Männer in Abendschulungen ausgebildet.[104]

1925 gewinnt MEYENBERG (Geschäftsführer des REFA) BRAMESFELD für REFA-Arbeit.[105] Es folgen einige Veröffentlichungen, wie „Lehrbuch der Vorkalkulation

[101] Vgl. Böhrs, H./Bramesfeld, E./Euler, H. (Arbeits- und Zeitstudium) 1948, S. 19ff.; Refa (Methodenlehre des Arbeitsstudiums) 1972, S.23; Refa (Arbeitsstudium heute und morgen) 1963, S. 9f.

[102] Böhrs, H./Bramesfeld, E./Euler, H. (Arbeits- und Zeitstudium) 1948, S. 20

[103] Vgl. Böhrs, H./Bramesfeld, E./Euler, H. (Arbeits- und Zeitstudium) 1948, S. 20

[104] Vgl. Böhrs, H./Bramesfeld, E./Euler, H. (Arbeits- und Zeitstudium) 1948, S. 23

[105] Vgl. Refa (Arbeitsstudium heute und morgen) 1963, S. 6

von Bearbeitungszeiten"[106], das 1. REFA-Buch als richtunggebende Einführung in die Ziele und Wege der Refa Arbeit[107] oder „Der Mensch im Betrieb"[108].

BRAMESFELD verbindet die Zeitstudienmethodik mit der angewandten Arbeitspsychologie und Arbeitsphysiologie.[109] Er veröffentlicht 1937 einen Leitfaden für das Arbeits- und Zeitstudium, unter Berücksichtigung der seelischen und körperlichen Voraussetzungen der menschlichen Betriebsarbeit[110] und 1944 „Der Leistungsgrad, Beitrag zum 3. REFA-Buch".[111]

Nach dem zweiten Weltkrieg 1947 werden die REFA-Landesverbände Nordwest, Bayern, Hessen und Baden-Württemberg gegründet.[112] Zu dieser Zeit waren etwa 40.000 Refa-Männer ausgebildet worden.[113] Diese hohe Zahl führte auch zu Qualitätsproblemen in der Ausbildung.

1951 wurde dann der Verband für Arbeitsstudien – REFA – e. V. auf Bundesebene gegründet.[114] Weitere relevante Veröffentlichungen sind zum Beispiel: „Beiträge zur Frage des Leistungsgrades und der Vorgabezeiten"[115], „Die Betriebswirtschaftlichen Grundlagen und Grundbegriffe des Arbeits- und Zeitstudiums"[116], „Praktisch-psychologischer und arbeitsphysiologischer Leitfaden für das Arbeitsstudium"[117], „Band 4 – Arbeitsunterweisung"[118], „Band 6: Entwicklung, Verfahren und Probleme der Arbeitsbewertung"[119] und „Band 5 – Der kalkulatorische Verfahrensvergleich, insbesondere der Wirtschaftlichkeitsrechnung"[120] (siehe auch Tabelle 3.2).

---

106 Vgl. Refa (Methodenlehre des Arbeitsstudiums) 1972, S. 24; Böhrs, H./Bramesfeld, E./Euler, H. (Arbeits- und Zeitstudium) 1948, S. 24

107 Vgl. Böhrs, H./Bramesfeld, E./Euler, H. (Arbeits- und Zeitstudium) 1948, S. 24

108 Vgl. Meyenberg, F. (Der Mensch im Betrieb) 1931

109 Vgl. Refa (Arbeitsstudium heute und morgen) 1963, S. 6

110 Vgl. Böhrs, H./Bramesfeld, E./Euler, H. (Arbeits- und Zeitstudium) 1948

111 Vgl. Refa (Arbeitsstudium heute und morgen) 1963, S. 6

112 Vgl. Refa (Methodenlehre des Arbeitsstudiums) 1972, S. 23; Refa (Arbeitsstudium heute und morgen) 1963, S. 12

113 Vgl. Refa (Methodenlehre des Arbeitsstudiums) 1972, S. 23

114 Vgl. Refa (Arbeitsstudium heute und morgen) 1963, S. 13

115 Vgl. Refa (Arbeitsstudium heute und morgen) 1963, S. 13; Kupke, E. (Vom Schätzen des Leistungsgrades) 1943

116 Vgl. Refa (Arbeitsstudium heute und morgen) 1963, S. 13; Euler, H. (Grundbegriffe des Arbeits- und Zeitstudiums) 1948

117 Vgl. Refa (Arbeitsstudium heute und morgen) 1963, S. 13

118 Vgl. Riedel, J. (Arbeitsunterweisung) 1951; Refa (Arbeitsstudium heute und morgen) 1963, S. 12

119 Vgl. Refa (Arbeitsstudium heute und morgen) 1963, S. 13; Wibbe, J. (Arbeitsbewertung) 1953

120 Vgl. Refa (Arbeitsstudium heute und morgen) 1963, S. 14f.; Witthoff, J. (Kalkulatorischer Verfahrensvergleich) 1956

Tabelle 3.2: Die Entwicklung von REFA

Jahr	Ort	Personen	Ereigniss
1924	Berlin	Hellmich, Knoop, Hegner	VDI gründet REFA (Reichsausschuß für Arbeitszeitermittlung)
1925	Braun-schweig	Meyenberg	Meyenberg (Geschäftsführer des REFA) gewinnt Bramesfeld für REFA-Arbeit
1928	Darmstadt	Hegner	Lehrbuch der Vorkalkulation von Bearbeitungszeiten
1928	Darmstadt	Bramesfeld	Erscheinung 1. REFA-Buch als richtunggebende Einführung in die Ziele und Wege der Refa Arbeit
1928	Berlin	REFA Verband	Bereits 5000 ausgebildete REFA Arbeitsstudienmänner
1931	Braun-schweig	Meyenberg	Veröffentlichung von „Der Mensch im Betrieb"
1936	Darmstadt	Bramesfeld /Graf	Verbindung der Zeitstudienmethodik mit der angewandten Arbeitspsychologie und Arbeitsphysiologie
1937	Darmstadt	Bramesfeld /Graf	Leitfaden für das Arbeits- und Zeitsstudium, Seelische und körperliche Voraussetzungen der menschlichen Betriebsarb.
1944	Darmstadt	Bramesfeld	Der Leistungsgrad, Beitrag zum 3.REFA-Buch (Bramesfeld)
1945	Darmstadt	REFA Verband	Etwa 40.000 REFA Arbeitsstudienmänner
1947	Deutschland	REFA Verband	Gründung REFA-Landesverbände Nordwest, Bayern, Hessen, Baden-Württemberg
1948	Berlin	Kupke	Beiträge zur Frage des Leistungsgrades und der Vorgabezeiten
1948	Darmstadt	Bramesfeld, Böhrs, Euler	Die Betriebswirtschaftlichen Grundlagen und Grundbegriffe des Arbeits- und Zeitstudiums
1949	Darmstadt	Bramesfeld /Graf	Praktisch-psychologischer und arbeitsphysiologischer Leitfaden für das Arbeitsstudium
1951	Darmstadt	REFA Verband	Gründung des Verbands für Arbeitsstudien - REFA - e. V. auf Bundesebene am 23. September
1951	Hamburg	Riedel	Band 4 „Arbeitsunterweisung"
1953	Darmstadt	Bramesfeld, Wibbe	Ergänzung Schriftenreihe Band 6: Entwicklung,Verfahren und Probleme der Arbeitsbewertung (Wibbe)
1956	Essen	Witthoff	Band 5 „Der kalkulatorische Verfahrensvergleich, insbesondere der Wirtschaftlichkeitsrechnungs"

Die Entwicklung von MTM

Die Motion Studies[121] von GILBRETH bilden die Grundlage für die Methode der vorbestimmten Zeiten. GILBRETH nutzte für die Analyse von Bewegungsabläufen Filme. Diese ermöglichten ihm die genaue Analyse der Bewegungsabläufe. Er identifizierte 17 Grundbewegungselemente, die er Therbligs (Bewegungsfolgen) nannte, was ironischerweise sein Name rückwärts geschrieben ist.[122]

SEGUR, der ein Mitarbeiter von GILBRETH war, schaffte es 1926 nach jahrelangen Untersuchungen, den Bewegungsfolgen Zeitwerte zuzuordnen.[123] Damit war die prinzipielle Idee eines Systems vorbestimmter Zeiten geboren und die Machbarkeit gezeigt worden. Ein ähnliches Verfahren wurde von QUICK 1934 mit dem Namen Work Factor (WF) entwickelt.[124]

Vor dem Hintergrund des zweiten Weltkrieges entstand ein immenser Bedarf, die Produktivität in Fabriken zu steigern. MAYNARD, SCHWAB und STEGEMERTEN nahmen daraufhin die Ansätze von SEGUR als Grundlage und führten groß angelegte Filmstudien zu Bewegungsabläufen durch.

Sie filmten quer durch die USA Beschäftigte bei den Arbeitsabläufen und benutzten dabei eine Kamera mit konstanter Aufnahmegeschwindigkeit von 16 Bildern pro Sekunde. Dadurch konnten sie auf einen Zeitmesser verzichten und die Auswertung direkt mit den Filmstreifen durchführen.[125] Um sich an durchschnittlich geübten Mitarbeitern zu orientieren, beurteilten sie zudem den Leistungsgrad der Mitarbeiter und ließen ihn in die Systematik mit einfließen. Das Ergebnis dieser Arbeiten veröffentlichten sie 1948 in „Methods Time Measurement".[126]

Darüber hinaus machen MAYNARD, SCHWAB und STEGEMERTEN das gesamte Datenmaterial der Öffentlichkeit zugänglich. Es ist noch heute in der University of Michigan

121 Vgl. Gilbreth, F. B. (Motion Study) 1911; Bokranz, R./Landau, K. (Produktivitätsmanagement von Arbeitssystemen) 2006, S. 109f. & S. 59; Mierach, M. (MTM - Von Anfang an richtig) 2002, S. 15f.

122 Vgl. Bokranz, R./Landau, K. (Produktivitätsmanagement von Arbeitssystemen) 2006, S. 60; Mierach, M. (MTM - Von Anfang an richtig) 2002, S. 18

123 Mierach, M. (MTM - Von Anfang an richtig) 2002, S. 18

124 Vgl. Bokranz, R./Landau, K. (Produktivitätsmanagement von Arbeitssystemen) 2006, S. 60f.; Mierach, M. (MTM - Von Anfang an richtig) 2002, S. 18

125 Mierach, M. (MTM - Von Anfang an richtig) 2002, S. 19

126 Vgl. Maynard, H. B./Stegemerten, G. J. et al. (Methods-Time Measurement) 1948; Mierach, M. (MTM - Von Anfang an richtig) 2002, S. 19f., Bokranz, R./Landau, K. (Produktivitätsmanagement von Arbeitssystemen) 2006, S. 60

einzusehen.[127] Auch nach zahlreichen weiteren Forschungsarbeiten hat sich an den Werten bis heute nichts geändert.[128]

1951 gründet Maynard dann in New York die US MTM Association for Standards and Research.[129] Das Verfahren war sehr erfolgreich und breitete sich nicht nur in den USA aus. Schon 1955 wird in Schweden die erste nationale MTM-Vereinigung Europas gegründet.[130] Viele weitere in Europa folgen. 1962 wird in Frankfurt die deutsche MTM-Vereinigung gegründet.[131]

In der Weiterentwicklung von MTM folgten zum Beispiel Elemente wie ProKon (Produktionsgerechte Konstruktion)[132] und die Vereinfachung des Analysesystems MTM-2[133] sowie die Entwicklung der MTM Sichtprüfung[134].

Darüber hinaus entstanden MTM-Softwareprodukte wie PROKON[135] oder TiCon[136]. 1999 wurde bei Berlin das MTM-Institut gegründet.[137] Das Ziel des Institutes ist die Weiterentwicklung und Weiterverbreitung von MTM. Die Methodik wird heute in fast allen Branchen eingesetzt und kontinuierlich weiterentwickelt. Eine Übersicht der Entwicklung von MTM ist in Tabelle 3.3 zu sehen.

Zwischenfazit

Es wurde gezeigt, welche große Bedeutung Zeitstudien und die Frage nach der Leistungsbewertung für die Industrie haben. Dabei ist insbesondere die MTM Methode bis heute aktuell und wird in vielen Unternehmen eingesetzt. Darüber hinaus spiel-

---

127 Vgl. Mierach, M. (MTM - Von Anfang an richtig) 2002, S. 21
128 Vgl. Mierach, M. (MTM - Von Anfang an richtig) 2002, S. 23
129 Vgl. Mierach, M. (MTM - Von Anfang an richtig) 2002, S.23; Bokranz, R./Landau, K. (Produktivitätsmanagement von Arbeitssystemen) 2006, S. 67
130 Vgl. Mierach, M. (MTM - Von Anfang an richtig) 2002, S.23; Bokranz, R./Landau, K. (Produktivitätsmanagement von Arbeitssystemen) 2006, S. 67
131 Vgl. Mierach, M. (MTM - Von Anfang an richtig) 2002, S.23; Bokranz, R./Landau, K. (Produktivitätsmanagement von Arbeitssystemen) 2006, S. 67
132 Vgl. Bokranz, R./Landau, K. (Produktivitätsmanagement von Arbeitssystemen) 2006, S. 60
133 Vgl. Mierach, M. (MTM - Von Anfang an richtig) 2002, S. 50; Bokranz, R./Landau, K. (Produktivitätsmanagement von Arbeitssystemen) 2006, S. 652 f.
134 Vgl. Mierach, M. (MTM - Von Anfang an richtig) 2002, S. 53; Bokranz, R./Landau, K. (Produktivitätsmanagement von Arbeitssystemen) 2006, S. 665f.
135 Vgl. Mierach, M. (MTM - Von Anfang an richtig) 2002, S. 53; Bokranz, R./Landau, K. (Produktivitätsmanagement von Arbeitssystemen) 2006, S. 679f.
136 Vgl. Mierach, M. (MTM - Von Anfang an richtig) 2002, S. 55; Bokranz, R./Landau, K. (Produktivitätsmanagement von Arbeitssystemen) 2006, S. 60
137 Vgl. Bokranz, R./Landau, K. (Produktivitätsmanagement von Arbeitssystemen) 2006, S. 71

ten bei der Leistungsbewertung schon sehr früh ergonomische Fragestellungen eine Rolle.

Tabelle 3.3: Die Entwicklung von MTM

Jahr	Ort	Personen	Ereigniss
1911	Kalifornien	Gilbreth	Veröffentlichung „Motion Studies", Begründung des Bewegungsstudiums
1926	Illinois	Segur	Zuordnung von Zeiten zu den Therbligs (Bewegungsfolgen) Motion Time Analysis (MTA)
1934	Philadelphia	Quick	Entwicklung Work Factor (WF) unabhängig von MTA
1948	Pittsburgh	Maynard, Schwab, Stegemerten	Veröffentlichung „Methods Time Measurement"
1951	New York	Maynard	Gründung US MTM Association for Standards and Research
1955	Stockholm	MTM Verband	Gründung erste nationale MTM-Vereinigung Europas in Schweden
1957	Europa	MTM Verband	Gründung weiterer nationalen MTM-Vereinigungen in der Schweiz, Niederlande und Frankreich
1957	Paris	MTM Verband	Gründung eines Internationalen MTM-Direktorats. Diesem wird die Überwachung der Urheberrechte übertragen.
1962	Frankfurt	MTM Verband	Gründung MTM-Vereinigung Deutschland in Frankfurt am Main
1963	Frankfurt	MTM Verband	Veröffentlichung Standard-Daten-Basis-Werte
1965	London	Evans, Applegren, Skargard, Hanft	Veröffentlichung Analysesystem MTM-2
1991	Frankfurt	Deutsche MTM Vereinigung	ProKon (Produktionsgerechte Konstruktion)
1993	Frankfurt	Deutsche MTM Vereinigung	Entwicklung MTM Sichtprüfen
1995	Frankfurt	Deutsche MTM Vereinigung	MTM-Software PROKON
1997	Frankfurt	Deutsche MTM Vereinigung	MTM-Software TiCon
1999	Berlin	Bokranz Rainer	Gründung MTM-Institut

3.3 Montageplanung und Taktung

Im Folgenden wird der Stand der Forschung im Bereich der Montageplanung und Taktung von Montagelinien aufbereitet. Das Kapitel unterteilt sich in einen allgemeinen Teil und einen Teil, der explizit auf die Montageplanung mittels Simulation eingeht.

Ein genauer Zeitpunkt, an dem erste systematische Planungsmethoden für Montagesysteme entstanden, kann nicht angegeben werden. Ein Beispiel für den Stand der Forschung in den 70er Jahren stellt die Veröffentlichung „Systematische Montageplanung" von MIESE dar.[138] MIESE setzt einen Fokus auf Unternehmen mit Einzel- und Kleinserienproduktion. Die Schwerpunkte liegen auf dem Montageprozess, der Montagestruktur, der Organisationsform sowie der Montageablaufplanung.

Ein weiteres Beispiel aus der Zeit ist die Dissertation von LUTZ, die er am Lehrstuhl von Prof. WARNECKE in Stuttgart über das Abtakten von Montagelinien schrieb.[139] Die Grundlagen zur Aufnahme der Montageabläufe mithilfe von Vorrangfolgegraphen, die Berechnung des Bandwirkungsgrad oder Mechanismen des Bandabgleichs bei unterschiedlichen Randbedingungen haben bis heute Bestand. BRANKAMP aus München geht darüber hinaus noch stärker auf die Logistik und Lagertechnik sowie die Automation der Montage ein.[140]

Einen entscheidenden Beitrag zur systematischen Montageplanung hat BULLINGER aus Stuttgart geleistet, dessen Werke auch bis Heute als Standardwerke zur Montageplanung angesehen werden können.[141] Als Leiter des Fraunhofer-Instituts für Arbeitswirtschaft und Organisation (IAO) in Stuttgart beschäftigte sich BULLINGER mit Themen wie:

- Montageablaufstruktur und Kapazitätsplanung[142]
- Materialbereitstellung und Layout[143]
- Hilfsmittel und Werkzeuge[144]

---

[138] Vgl. Miese, M. (Systematische Montageplanung) 1973

[139] Vgl. Lutz, L. (Abtakten von Montagelinien) 1974

[140] Vgl. Brankamp, K. (Handbuch der modernen Fertigung und Montage) 1975

[141] Vgl. Bullinger, H. J. (Systematische Montageplanung) 1984; vgl. Bullinger, H. J. (Planung entkoppelter Montagesysteme) 1993; vgl. Bullinger, H. J./Lung, M. (Planung der Materialbereitstellung in der Montage) 1994; vgl. Bullinger, H. J. (Arbeitsgestaltung) 1995; vgl. Bullinger, H. J. (Integrative Gestaltung kooperativer Montagesysteme) 1995

[142] Vgl. Bullinger, H. J. (Systematische Montageplanung) 1984, S. 94 f.

[143] Vgl. Bullinger, H. J. (Systematische Montageplanung) 1984, S. 174 f.

- Entkopplungsmechanismen in der Montage[145]
- Erhöhung der sozialen Attraktivität der Arbeit[146]

Seit Mitte der 80er, Anfang der 90er Jahre rückten mit zunehmender Rechenleistung Sequencing und Line Balancing Fragestellungen in den Fokus.[147] Unter Sequencing wird die Reihenfolgebildung der Produkte verstanden. Gerade bei Montagelinien mit mehreren Produktvarianten, sogenannten Mixed-Model-Linien oder variantenreichen Taktmontagen, hat die Reihenfolge der Montageaufträge in der Linie einen großen Einfluss auf die Leistung der Montage. Unter dem Begriff Balancing wird die Austaktung der Montagelinie verstanden. Das heißt, die Zuordnung der Teilverrichtungen zu den Montagestationen. Diese Fragestellungen erfordern die Möglichkeit, komplexere Datenstrukturen automatisiert und rechnerbasiert abzubilden oder mithilfe von Optimierungsverfahren Lösungen zu finden.

Die Erforschung der Einflüsse von Produktvarianz und -komplexität auf die Montagelinie ist bis heute eine zentrale Aufgabe.[148]

Ab 2000 kommen in der Montageplanung wieder stärker sozio-technische Fragestellungen in den Fokus.[149] So zum Beispiel die Prognose von Lernkurven in der manuellen Montage unter Berücksichtigung von Lernkurven bei Grundbewegungen.[150]

Montageplanung mittels Simulation

Der Fokus von Simulationen in der Montageplanung liegt auf getakteten Montagesystemen. Ein Grund dafür ist die im Vergleich zur Standplatzmontage einfache Ablaufstruktur der Taktmontage.

Bei der Simulation von Montagesystemen ist die dominierende Zielsetzung das Line Balancing, also die Verteilung der Arbeitsinhalte auf die einzelnen Arbeitsstationen. Diese Fragestellung kann gerade bei einer höheren Produktvarianz nicht mehr zufriedenstellend statisch gelöst werden. Die Reihenfolge der Produktvarianten hat

---

144 Vgl. Bullinger, H. J. (Systematische Montageplanung) 1984, S. 311 ff

145 Vgl. Bullinger, H. J. (Planung entkoppelter Montagesysteme) 1993, S. 47 ff

146 Vgl. Bullinger, H. J. (Planung entkoppelter Montagesysteme) 1993, S. 90 ff

147 Vgl. Meijbomm, B./Vos, B (Balancing configuration and coordination) 1997; vgl. Scholl, A./Klein, R. (Balancing assembly lines effectively) 1999; Vgl. Schöninger, J. (Planung taktzeitoptimierter flexibler Montagestationen) 1989

148 Vgl. Doerr, K. et al. (Heterogeneity and variability in the context of flow lines) 2002; vgl. Gottschalk, S. (Dedicated Flexibility) 2006; vgl. Schuh, G. et al. (Design for Changeability) 2009

149 Vgl. Adami, W. et al. (Montage braucht Erfahrung) 2008; vgl. Lassalle, S. (A study of in-process waiting time) 2007; vgl. Hytönen, J. (Optimal workforce allocation for assembly lines) 2008

150 Vgl. de Greiff, M. (Lernkurven in der manuellen Montage) 2001

einen entscheidenden Einfluss darauf, wie sich die Verteilung der Stationszeiten der einzelnen Produktvarianten auf die Leistung der Montage auswirkt.

Neben der reinen Simulation kommen auch zahlreiche Optimierungsverfahren zum Einsatz, um das Problem des Line Balancing zu lösen. SCHOLL gibt 1999 einen Überblick über typische Optimierungsverfahren.[151] 2006 wird dieser Vergleicht von SCHOLL noch einmal vertieft.[152] Auch CAPACHO beschäftigt sich mit der Fragestellung und versucht, komplexere Vorrangfolgen abzubilden.[153]

Eine weitere Strömung bei der Simulation nutzt agentenbasierte Ansätze in der Simulation (siehe MARKUS und UEDA[154], PRACA[155]).

Ein weiteres Thema bei der Simulation der Montage ist die Fragestellung nach dem Entkopplungsgrad der einzelnen Montagesysteme, zum Beispiel durch Puffer.[156]

Darüber hinaus wird auch die Simulation von Standplatzmontagesystemen in Verbindung mit der Bereitstellungslogistik erforscht.[157] Die Herausforderung liegt dabei in der Abbildung der komplexen Montagestruktur.

Zwischenfazit

Die Entwicklung der Montageplanung zeigt, dass die für diese Arbeit relevanten Kategorien zu weiten Teilen in der Vergangenheit schon sehr systematisch aufbereitet wurden. Diese Arbeit baut auf diesen Grundlagen auf und will sie weiterentwickeln. Dies bezieht sich insbesondere auf die Leistungsbewertung der Montage vor dem Hintergrund, diese als sozio-technisches System zu verstehen.

In der folgenden Tabelle sind die Meilensteine dieser Phase noch einmal zusammengefasst (siehe Tabelle 3.4).

---

151 Vgl. Scholl, A./Klein, R. (Balancing assembly lines effectively) 1999

152 Vgl. Scholl, A./Becker, C. (Simple assembly line balancing) 2006

153 Vgl. Capacho, L/Pastor, R (The Alternative Subgraphs Assembly Line Balancing Problem) 2005

154 Vgl. Markus, A. (Production Balancing by Emergent Rules) 1999

155 Vgl. Praca, I./Ramos, C. (Simulation For Balancing of Assembly Lines) 1999

156 Vgl. Petzelt, D./Kolinke, F./Deuse, J. (Entkopplung von manuellen und automatisierten Arbeitsstationen) 2007

157 Vgl. Weigert, G./Henlich, T. (Scheduling of assembly operations and logistics) 2008

Tabelle 3.4: Montageplanung und Taktung

Jahr	Ort	Personen	Ereigniss
1973	Aachen	Miese, M.	Systematische Montageplanung in Unternehmen mit Einzel- und Kleinserienproduktion
1974	Stuttgart	Lutz, L.	Abtakten von Montagelinien
1975	München	Brankamp	Handbuch der modernen Fertigung und Montage
1986	München	Bullinger, H. J.	Systematische Montageplanung
1989	Berlin	Schöninger, J.	Planung taktzeitoptimierter flexibler Montagestationen
1993	Stuttgart	Bullinger, H. J.	Planung entkoppelter Montagesysteme
1994	Stuttgart	Bullinger, H. J.	Planung der Materialbereitstellung in der Montage
1995	Stuttgart	Bullinger, H. J.	Arbeitsgestaltung
1995	Berlin	Bullinger, H. J.	Integrative Gestaltung kooperativer Montagesysteme
1997	Tilburg (Niederl.)	Meijbomm	Balancing configuration and coordination
1999	Heidelberg	Scholl, A.	Balancing and Sequencing of Assembly Line
2001	Düsseldorf	de Greiff. M.	Prognose von Lernkurven in der manuellen Montage unter Berücksichtigung der Lernkurven von Grundbewegungen
2002	New York	Doerr, K.	Heterogeneity and variability in the context of flow lines
2007	Croydon (UK)	Lassalle, S.	A study of in-process waiting time on a linear walking worker assembly line
2008	München	Adami, W.	Montage braucht Erfahrung
2008	Helsinki	Hytönen, J.	Optimal workforce allocation for assembly lines for highly customised low-volume products

3.4 Lean Production

Das Konzept der Lean Production ist für die vorliegende Arbeit von Interesse, da hier die Unterscheidung zwischen Planer und Ausführendem das erste Mal aufgelöst wurde. In der Lean Production wurden das erste Mal Ansätze verfolgt, die die Umsetzung von Verbesserungsideen von Arbeitern als festen Bestandteil der Leistungsentwicklung des Montagesystems einplanten. Dieses Konzept ist in der Lean Production nicht nur als betriebliches Vorschlagswesen gedacht. Lean Production geht weit darüber hinaus bis zur Gestaltung der Strukturen des Arbeitsumfeldes in einer Form, dass die Mitarbeiter in der Lage sind, kontinuierliche Verbesserungsprozesse (KVP) selbst durchzuführen. Das bedeutet in diesem Aspekt eine Negierung der Idee von TAYLOR, der eine strikte Trennung zwischen ausführendem und beobachtendem Planer anstrebte. Damit spielte auch nicht nur die systematische Optimierung einzelner Arbeitsschritte eine Rolle, sondern auch der Aufbau der Arbeitsumgebung in einer Form, dass Produktionsprozesse sich über der Zeit verändern können.

Das Konzept der Lean Production geht auf Toyota zurück. Toyota führte schon 1945 das Prinzip der „Just in Time“-Produktion ein.[158] Eine besondere Rolle bei der Entwicklung von Lean Production spielte TAIICHI OHNO, der 1956 eine Reise in die USA unternahm und dort Automobilhersteller und Supermärkte besuchte.[159] 1969 gelang es SHIGEO SHINGO, die Rüstzeiten bei einer 1000 t Presse im Presswerk von 4 Stunden auf 3 Minuten, mithilfe des SMED-Ansatzes (Single minute exchange of die), zu reduzieren.[160] 1978 folgte die Einführung des „Pull-System“ und „KanBan“ ebenfalls durch TAIICHI OHNO.[161]

Noch bevor die Ideen von Lean Production 1991 durch das Buch „The machine that changed the world“ [162] von WOMACK, ROOS und JOHNS die westliche Welt erreichten, veröffentlichten SHIGEO SHINGO, TAIICHI OHNO und HITOSHI TAKEDA die Ideen von Toyota in zahlreichen Büchern.[163] 1993 folgte noch die Veröffentlichung „Mixed Production“ [164] von HITOSHI TAKEDA und 1998 „Toyota Productions System“[165] von

158 Vgl. Toyota (The Toyota Production System) 1998, S. 5; Liker, J. K. (The Toyota Way) 2004, S. 17f.

159 Vgl. Toyota (The Toyota Production System) 1998, S. 6

160 Vgl. Bodek, N. (Pioneers of Lean Manufacturing) 2004, S. 2

161 Vgl. Toyota (The Toyota Production System) 1998, S. 6

162 Vgl. Womack, J. P./Jones, D. T./Roos, D. (The Machine That Changed The World) 1991

163 Vgl. Shingo, S. (The SMED System) 1985; vgl. Shingo, S. (Zero Quality Control) 1986; vgl. Takeda, H. (Das Synchrone Produktionssystem) 1999; vgl. Ohno, T. (The Toyota Production System) 1988; vgl. Shingo, S. (A Study of the Toyota Production System) 1989

164 Vgl. Takeda, H. (Das System der Mixed Produktion) 1996

165 Vgl. Monden, Y. (Toyota Production System) 1998

YASUHIRO MONDEN. In Europa hat vor allem MIKE ROTHER seit 1999 zur Verbreitung von Lean Production beigetragen.[166] Lean Production ist heute ein fester Bestandteil in der Industrie, was durch zahlreiche weitere Veröffentlichungen untermauert wird.[167]

Zwischenfazit

Die Prinzipien von Lean Production haben die Produktion in vielen Bereichen verändert. Insbesondere der kontinuierliche Verbesserungsprozess (KVP oder Kaizen) hat unvorhergesehene Leistungssteigerungen gerade auch in manuellen Montagesystemen ermöglicht. In der folgenden Tabelle sind die Meilensteine dieser Phase noch einmal zusammengefasst (siehe Tabelle 3.6).

Lean Production bezieht bis heute die Bereiche der Hilfsmittel und Werkzeuge[168] sowie der Arbeitsorganisation[169] mit ein. Darüber hinaus werden Konzepte zur Layoutgestaltung und zur Steuerung der Produktion angeboten.[170] Eine Besonderheit der Lean Production ist die Interpretation der Produktion als soziotechnisches System, das den Mitarbeiter integriert.[171] Die Ansätze und Konzepte sind in vielen Industrien erprobt, es fehlen jedoch bis heute quantitative Theoriemodelle, die die Wirkungsweise erklären können.

---

166 Vgl. Rother, M./Shook, J. (Learning to see) 1999; vgl. Rother, M. (Kontinuierliche Fließfertigung Organisieren) 2004; vgl. Rother, M. (Die Kata des Weltmarktführers) 2009

167 Vgl. Womack, J./Jones, D. (Seeing the whole) 2002; vgl. Takeda, H. (Low Cost Intelligent Automation) 2004; vgl. Womack, J/Jones, D. (Lean Thinking) 2004; vgl. Womack, J. (Value Stream Mapping) 2006

168 Vgl. Takeda, H. (Low Cost Intelligent Automation) 2004

169 Vgl. Takeda, H. (Das System der Mixed Produktion) 1996

170 Vgl. Monden, Y. (Toyota Production System) 1998

171 Vgl. Rother, M. (Die Kata des Weltmarktführers) 2009

Tabelle 3.5: Die Entwicklung von Lean Production

Jahr	Ort	Personen	Ereigniss
1945	Toyota City, Japan	Toyoda, Kiichiro	Einführung „Just in Time“ bei Toyota
1956	USA	Ohno, Taiichi	Reise in die USA und Besuch von Automobilherstellern und Supermärkten
1969	Toyota City, Japan	Shingo, Shigeo	Toyota reduziert die Rüstzeit der 1000 t Presse von 4 Stunden auf 3 Minuten mit SMED
1978	Toyota City, Japan	Ohno, Taiichi	Einführung „Pull-System“ und „KanBan“
1985	Toyota City, Japan	Shingo, Shigeo	Veröffentlichung von „A Revolution in Manufacturing. The SMED System“
1986	Toyota City, Japan	Shingo, Shigeo	Veröffentlichung von „Zero Quality Control. Source Inspection and the Poka-Yoke System“
1987	Tokyo, Japan	Takeda, Hitoshi	Veröffentlichung von „Das synchrone Produktionssystem“
1988	Toyota City, Japan	Ohno, Taiichi	Veröffentlichung von „The Toyota Production System“
1989	Toyota City, Japan	Shingo, Shigeo	Veröffentlichung von „A Study of the Toyota Production System from an Industrial Engineering Viewpoint“
1991	MIT, USA-MA	Johns & Womack	Veröffentlichung von „The machine that changed the world“
1993	Tokyo, Japan	Takeda, Hitoshi	Veröffentlichung von „Mixed Production“
1998	Tsukuba, Japan	Monden, Yasuhiro	Veröffentlichung von „Toyota Productions System“
1999	Michigan	Rother, Mike	Veröffentlichung von „Learning to see“
2002	MIT, USA-MA	Womack, J. P.	Veröffentlichung von „Seeing the whole, mapping the extended value stream“
2004	Michigan, USA	Rother, Mike	Veröffentlichung von „Kontinuierliche Fließfertigung Organisieren“
2004	Tokyo, Japan	Takeda, Hitoshi	Veröffentlichung von „LCIA - Low Cost Intelligent Automation“
2004	MIT, USA-MA	Johns & Womack	Veröffentlichung von „Lean Thinking“
2006	MIT, USA-MA	Womack, J. P.	Veröffentlichung von „Value Stream Mapping“
2009	Michigan, USA	Rother, Mike	Veröffentlichung von „Die Kata des Weltmarktführers“

3.5 Logistik

Die Montageplanung und Simulation der Montage hat einen Schwerpunkt auf dem Bereich der Taktmontagesysteme. Demgegenüber steht die Logistik, die sich nicht im Wesentlichen auf eine Montagestruktur fokussiert, sondern alle Montagestrukturen berücksichtigt.

Ein Bereich der Logistik beschäftigt sich im Schwerpunkt mit der Frage der Materialbereitstellung und dem damit verbundenen Störungsmanagement.[172] Diese Fragestellung spielt vor allem bei Standplatzmontagen eine entscheidende Rolle.

Durch die politischen Veränderungen in den 90er Jahren rückt das Thema der Logistik in den Fokus. Themen wie logistikorientiertes, strategisches Management werden in der Forschung behandelt.[173]

Der Übergang von der Materialbereitstellung zur Disposition stellt immer stärker den Prozess in den Fokus. KÖHLER veröffentlichte 1997 „Disposition und Materialbereitstellung bei komplexen Kleinserienprodukten“[174], gefolgt von COLSMAN „Strategisches und taktisches Logistikmonitoring der prozesskettenorientierten Produktion“[175].

Auch BULLINGER trägt entscheidende Veröffentlichungen zum Thema Logistikplanung bei.[176] Die Erweiterung auf den Bereich des Supply Chain Managements ist 2005 mit der Veröffentlichung von „Supply Chain Management und Logistik“[177] der nächste Schritt.

Die Hannoveraner Schule begann nach der Jahrtausendwende, die logistischen Kennlinien auf Lagerprozesse und die Montage zu übertragen. Zu nennen sind die Veröffentlichungen von „Logistische Kennlinien für Lagerprozesse“[178] und „Logistische

---

172 Vgl. Lehman, F. (Störungsmanagement in der Einzel- und Kleinserienmontage) 1992; vgl. VDI (Erfolgreiches Störungsmanagement in der Einzel- und Kleinserienmontage) 1993; vgl. Bullinger, H. J. (Materialbereitstellung in der Montage) 1994

173 Vgl. Klöpper, H.-J. (Logistikorientiertes strategisches Management) 1991

174 Vgl. Köhler, R. (Disposition und Materialbereitstellung) 1997

175 Vgl. Colsman, R. (Strategisches und taktisches Logistikmonitoring) 2003

176 Vgl. Bullinger, H. J. (Arbeitsgestaltung) 1995; vgl. Bullinger, H. J. (Integrative Gestaltung kooperativer Montagesysteme) 1995

177 Vgl. Günther H.-O./Mattfeld D. C./Suhl, L. (Supply Chain Management und Logistik) 2005

178 Vgl. Wriggers, F./Schmidt, M./Grapentin, J./Nyhuis, P. (Logistische Kennlinien für Lagerprozesse) 2007

Netzwerke"[179], sowie „Logistische Modelle für die Montage"[180], die 2007 in den „Beiträge zu einer Theorie der Logistik"[181] von Professor NYHUIS münden.

Zwischenfazit

Die Forschung im Bereich der Logistik konzentriert sich neben den Bereitstellungsabläufen vor allem auf unterschiedliche Montagestrukturen und somit die Arbeitsorganisation. Relevant sind darüber hinaus die Ansätze einer Theoriebildung bei NYHUIS, an die diese Arbeit ankoppelt. Eine Übersicht über die Entwicklung ist in Tabelle 3.6 dargestellt.

[179] Vgl. Bretzke, W.-R. (Logistische Netzwerke) 2008

[180] Vgl. Nickel, R. (Logistische Modelle für die Montage) 2008

[181] Vgl. Nyhuis, P. (Beiträge zu einer Theorie der Logistik) 2008

Tabelle 3.6: Die Rolle der Logistik für die Montage

Jahr	Ort	Personen	Ereigniss
1991	Köln	Klöpper	Veröffentlichung von „Logistikorientiertes strategisches Management - Erfolgspotential im Wettbewerb“
1992	Aachen	Lehman	Veröffentlichung von „Störungsmanagement in der Einzel- und Kleinserienmontage“
1993	Würzburg	VDI	Veröffentlichung von „Erfolgreiches Störungsmanagement in der Einzel- und Kleinserienmontage“
1994	Stuttgart	Bullinger	Veröffentlichung von „Planung der Materialbereitstellung in der Montage“
1995	Stuttgart	Bullinger	Veröffentlichung von „Arbeitsgestaltung“
1995	Stuttgart	Bullinger	Veröffentlichung von „Integrative Gestaltung kooperativer Montagesysteme“
1997	München	Köhler	Veröffentlichung von „Disposition und Materialbereitstellung bei komplexen Kleinserienprodukten“
2003	Hannover	Colsman	Veröffentl. „Strategisches und taktisches Logistikmonitoring der prozesskettenorientierten Produktion“
2005	Berlin	Günther	Veröffentlichung von „Supply Chain Management und Logistik“
2007	Hannover	Nyhuis	Veröffentlichung von „Logistische Kennlinien für Lagerprozesse“
2008	München	Bretzke	Veröffentlichung von „Logistische Netzwerke“
2008	Bremen	Nyhuis, Nickel	Veröffentlichung von „Logistische Modelle für die Montage“
2008	Hannover	Nyhuis	Veröffentlichung von „Beiträge zu einer Theorie der Logistik“
2010	München	Bretzke	Veröffentlichung von „Nachhaltige Logistik“

3.6 Aachener Schule

Im Folgenden werden kurz die Beiträge aus dem Aachener Umfeld zur Montageplanung dargestellt. Die Schwerpunkte aus der Aachener Sicht liegen in der Einzel- und Kleinserie sowie im Umgang mit Komplexität.

Der Fokus auf die Einzel- und Kleinserienmontage ist in Aachen schon früh verankert. Dies zeigt die Arbeit von MIESE zur systematischen Montageplanung in Unternehmen mit Einzel- und Kleinserienproduktion von 1973[182] sowie die Arbeit von HOESCHEN zur Planung von Montagesystemen im Rahmen der technischen Investitionsplanung mit Fokus auf Einzel- und Serienfertigung.[183] 1988 folgt KOSMAS mit einer Arbeit zu Strategien und Hilfsmitteln für die Montagevorbereitung in Unternehmen der Einzel- und Kleinserienproduktion.[184]

In den 90er Jahren folgen dann Arbeiten zum Thema Automatisierung. Beispiele dafür sind die Arbeiten von MOK zur Auswahl von Sensoren für automatische Montagesysteme[185] und MERZ zur Entwicklung einer Methode zur Planung der Struktur automatisierter Montagesysteme.[186]

1987 schreibt KALDE eine Arbeit zur Methodik zur Festlegung der Flexibilität in der Montage.[187] Auch das Thema der Materialbereitstellung wird bei STOLZ 1988 mit dem Fokus auf die Materialbewirtschaftung der Montage in Unternehmen mit Einzel- und Kleinserienproduktion bearbeitet.[188]

ESSER beschäftigt sich 1996 mit der Integration von Produktionslogistik und Montageplanung und -steuerung.[189] HARTMANN entwickelt in seiner Arbeit zu alternativen Montagekonzepten ein Kostenmodell für die Montage, das als Hilfsmittel zur Montageanlagenplanung dienen kann.[190]

Auch das Thema der Simulation wird von HACK in seiner Arbeit zur simulationsgestützten Belegungsplanung in der Montage unter Berücksichtigung der Unschärfe 1997 aufgenommen.[191]

Die vorliegende Arbeit knüpft insbesondere an den Forschungsarbeiten zur Beherrschung der Komplexität in Montagesystemen an. In diesem Kontext ist die Arbeit von UNGEHEUER zu nenne, die sich mit der Methodik zur Planung einer anforderungsgerechten Produkt- und Montagestruktur für komplexe Erzeugnisse beschäftigt.[192] Da-

---

182 Vgl. Miese, M. (Systematische Montageplanung) 1973
183 Vgl. Hoeschen, R. D. (Planung von Montagesystemen) 1978
184 Vgl. Kosmas, I. (Strategien und Hilfsmittel für die Montagevorbereitung)1988
185 Vgl. Mok, H.-S. (Sensoren für automatische Montagesysteme) 1986
186 Vgl. Merz, K. P. (Planung der Struktur automatisierter Montagesysteme) 1987
187 Vgl. Kalde, M. (Festlegung der Flexibilität in der Montage) 1987
188 Vgl. Stolz, N. W. (Materialbereitstellung in der Montage) 1988
189 Vgl. Esser, H. (Integration von Produktionssystemen und Montageplanung und -steuerung) 1996
190 Vgl. Hartmann, M. (Entwicklung alternativer Montagekonzepte) 1993
191 Vgl. Hack, T. K. (Simulationsgestützte Belegungsplanung in der Montage) 1997
192 Vgl. Ungeheuer, U. (Produkt- und Montagestrukturierung) 1985

rüber hinaus ist insbesondere die Arbeit von GOTTSCHALK relevant, die sich mit der komplexitätsoptimalen Gestaltung manueller Serienmontagen auseinandersetzt.[193]

Tabelle 3.7 zeigt einen Überblick über die Beiträge aus dem Aachener Umfeld.

Tabelle 3.7: Beiträge zur Montageplanung aus Aachen

Jahr	Ort	Personen	Ereigniss
1973	Aachen	Miese, Manfred	Systematische Montageplanung in Unternehmen mit Einzel- und Kleinserienproduktion
1978	Aachen	Hoeschen, Rolf	Planung von Montagesystemen im Rahmen der technischen Investitionsplanung (Fokus Einzel- und Serienfertigung)
1985	Aachen	Ungeheuer, Udo	Methodik zur Planung einer anforderungsgerechten Produkt- und Montagestruktur für komplexe Erzeugnisse
1986	Aachen	Mok, Hak-Soo	Ein System zur Auswahl von Sensoren für automatische Montagesysteme
1987	Aachen	Kalde, Marcus	Methodik zur Festlegung der Flexibilität in der Montage
1987	Aachen	Merz, Karl	Entwicklung einer Methode zur Planung der Struktur automatisierter Montagesysteme
1988	Aachen	Stolz, Norbert	Anforderungsgerechte Materialbewirtschaftung der Montage in Unternehmen mit Einzel- und Kleinserienprod.
1988	Aachen	Kosmas, Ionnis	Strategien und Hilfsmittel für die Montagevorbereitung in Unternehmen der Einzel und Kleinserienproduktion
1993	Aachen	Hartman, Michael	Entwicklung eines Kostenmodells für die Montage. Ein Hilfsmittel zur Montagenanlagenplanung
1996	Aachen	Esser, Heinrich	Integration von Produktionslogistik und Montageplanung und -steuerung
1997	Aachen	Hack, Thomas	Simulationsgestützte Belegungsplanung in der Montage unter Berücksichtigung der Unschärfe
2006	Aachen	Gottschalk, Sebastian	Dedicated Flexibility Komplexitätsoptimale Gestaltung manueller Serienmontage

3.7 Zusammenfassung und Handlungsbedarf

Das Kapitel zum Stand der Forschung hat einen Überblick über die geschichtliche Entwicklung zu unterschiedlichen Strömungen in Bezug auf manuelle Montagesysteme gegeben. Im Folgenden werden die Forschungsfelder anhand der eingangs vorgestellten acht Kategorien bewertet (siehe Abbildung 3.4).

[193] Vgl. Gottschalk, S. (Dedicated Flexibility) 2006

Gerade im Bereich der Montageplanung und -taktung sind die einzelnen Kategorien unabhängig voneinander in der Vergangenheit schon behandelt worden. Der Beitrag dieser Arbeit liegt in der Verknüpfung einer quantitativen Leistungsbewertung in Verbindung mit der Arbeitsorganisation und der Berücksichtigung von soziotechnischen Systemeigenschaften. Die Recherchen zum aktuellen Stand der Forschung konnten dabei einerseits zeigen, dass in diesem Bereich ein Forschungsbedarf ist und dass dieser auf der anderen Seite noch nicht hinreichend gelöst worden ist.

Die vorliegende Arbeit baut darüber hinaus auf dem dargestellten Stand der Forschung auf und bezieht sich in der folgenden Konstruktion der Lösung immer wieder auf diese Grundlagen.

	Ursprünge/ Systemat. Analyse	REFA/ MTM	Montageplanung/ Taktung	Logistik/ Fehlteilmanagment	Lean Production	Aachener Schule	Fokus der Arbeit
Leistungsbewertung	x	x	x				x
Ergonomie	x	x	x				
Hilfsmittel und Werkzeuge			x		x		
Arbeitsorganisation	x		x	x	x	x	x
Logistik			x	x	x	x	
Layout			x		x	x	
Steuerung			x		x	x	
Soziotechnisches System			x		x		x

Abbildung 3.4: Handlungsbedarf der Arbeit

4 Theoriezusammenhang der Arbeit

Im folgenden Kapitel wird der Theoriezusammenhang der Arbeit hergeleitet. Dazu werden alle Konzepte, die für die Konstruktion der Lösung Voraussetzung sind, eingeführt. Die einzelnen Konzepte beziehen sich auf Erkenntnisse aus dem ingenieurwissenschaftlichen und arbeitswissenschaftlichen Forschungsbereich der Montageplanung und dem Bereich der Lern- und Erfahrungskurven.

Darüber hinaus werden weitere Lösungskonzepte aus anderen Forschungsbereichen wie der Motivationsforschung oder der Systemtheorie und des Konstruktivismus herangezogen. Die Konzepte werden kurz eingeführt und, sofern sie nicht im Bereich der Ingenieurwissenschaften anzusiedeln sind, in einen historischen Zusammenhang gestellt.

In den Formeln werden die Variablen in der mathematischen Schreibweise mit tief gestellten Indizes verwendet (bsp. t_M). Im Text wird dagegen eine Schreibweise mit Unterstrichen für tief gestellte Indizes verwendet (bsp. t_M).

4.1 Eigenschaften manueller Montageaufgaben

Zum Verständnis des Einflusses der Montagestruktur auf die Leistungsentwicklung manueller Montagesysteme wird zunächst auf die speziellen Eigenschaften manueller Montageaufgaben eingegangen.

BULLINGER beschreibt 1993, dass in der manuellen Taktmontage die qualifikatorischen Anforderungen an die Mitarbeiter immer weiter zunehmen und in „Bezug auf die Bewältigung kooperativer Bezüge" anspruchsvoller werden.[194] Die Kopplungsbeziehungen in manuellen Taktmontagesystemen werden jedoch überwiegend negativ gewertet. BULLINGER bezieht sich aber neben zeitlichen und örtlichen Bindungen ex-

[194] Vgl. Bullinger, H. J. (Planung entkoppelter Montagesysteme) 1993, S. 47f.

plizit auch auf soziale Bindungen, die einen Einfluss auf die Leistung des Montagesystems haben.[195]

DÜKER führte 1929 Untersuchungen in Göttingen durch, die der Frage nachgehen sollten, ob die höhere Leistung der Taktmontage im Vergleich zur Standplatzmontage mit einem höheren „Kraftaufwand" bei den Mitarbeitern verbunden ist.[196] Die Ergebnisse der Untersuchungen zeigten erstaunlicherweise, dass der Energieverbrauch bei „freier Arbeit" in einer Standplatzmontage trotz der geringeren Leistung sogar höher war als in der Taktmontage. Auf Basis von Selbstbeobachtungen der Probanden führte DÜKER das Ergebnis auf folgenden psychologischen Effekt zurück:

„Zu jeder Handlung – und ist sie noch so einfach – ist ein besonderer Willensentschluss notwendig, dessen Hervorbringung Entschlusskraft erfordert. (...) Die Überlegenheit der zwangsgeführten Arbeit (Taktarbeit) ist also darauf zurückzuführen, dass sie weniger Willensenergie beansprucht als freie Arbeit (Baustellenmontage)."[197]

DÜKER zeigt damit, dass die Montageleistung 1. von der Montagestruktur beeinflusst wird, 2. eine höhere Montageleistung nicht zwangsläufig mit einem höheren Kraftverbrauch der Mitarbeiter einher geht und 3. der Grund für die Leistungsunterschiede auf psychologische Effekte zurückzuführen sein könnte.

Auch LOTTER weist auf die schwankende Leistungsfähigkeit eines Mitarbeiters hin und nennt Faktoren wie Arbeitsplatzgestaltung, Lärm und Betriebsklima.[198] Insbesondere seine Aussagen über den typischen Verlauf der individuellen Leistungskurve eines Mitarbeiters über eine Schicht sind für diese Arbeit relevant (siehe Abbildung 4.1).

LOTTER zeigt, dass die menschliche Leistung in manuellen Montagesystemen über den Tag um etwa 20% schwanken kann.

Auch WIENDAHL erwähnt psychologische Faktoren, die die menschliche Leistung beeinflussen. Er weist insbesondere auf die Herausforderungen hin, in Studien nachgewiesene Effekte im Unternehmen in Form von Gestaltungsmaßnahmen zu etablieren.[199]

---

195 Vgl. Bullinger, H. J. (Planung entkoppelter Montagesysteme) 1993, S. 47f.
196 Vgl. Düker, H. (Arbeit am laufenden Band) 1929
197 Vgl. Düker, H. (Arbeit am laufenden Band) 1929
198 Vgl. Lotter, B./Wiendahl, H.-P. (Montage in der industriellen Produktion) 2006, S. 109
199 Vgl. Wiendahl, H.-P./Gerst, D. et al. (Variantenbeherrschung in der Montage) 2004, S. 79f.

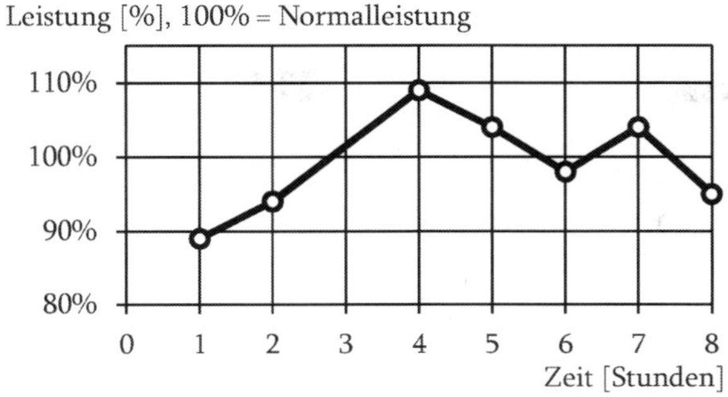

Abbildung 4.1: **Typischer Verlauf der menschlichen Leistung in Prozent der Normalleistung in Anlehnung an LOTTER[200]**

Kernaussagen für die Arbeit

Für die vorliegende Arbeit ergibt sich aus den Eigenschaften manueller Montagesysteme vor allem ein Konzept, das für die Konstruktion der Lösung von besonderem Interesse ist: Die Dauer manueller Montagevorgänge ist variabel und abhängig vom Kontext im Montagesystem. Dieses Konzept wird in der Arbeit mit „Elastizität der Montagezeit“ bezeichnet.

4.2 Lern- und Erfahrungskurven

Bei der Betrachtung von dynamischen Effekten in der Leistungsentwicklung von manuellen Montagesystemen wird zwischen Lern- und Erfahrungskurven unterschieden.

Mithilfe von Lernkurven wird der Erfolgsgrad des Lernens in Abhängigkeit von der Lerndauer abgebildet. Lernkurven fallen typischerweise zu Beginn des Lernens steil ab, weil die Lerngewinne hier relativ hoch sind. Sie verlaufen mit zunehmender Lerndauer immer flacher, weil dann die Lerngewinne sinken. Die Steilheit einer Lernkurve hängt von mehreren Faktoren ab, z. B. dem Ausgangswissen, den individuellen Fähigkeiten, der objektiven Schwierigkeit des Lernstoffes und der Lernmethode.[201]

---

[200] Vgl. Lotter, B./Wiendahl, H.-P. (Montage in der industriellen Produktion) 2006, S. 110

[201] Deutsche MTM-Vereinigung e.V., https://www.dmtm.com/forschung/glossar/

Die Erfahrungskurve beschreibt den Zusammenhang zwischen Stückkosten, Absatzpreisen und kumulierter Produktionsmenge. Sie impliziert, dass bei jeder Verdopplung der kumulierten Produktionsmenge die Stückkosten potenziell um 20 bis 30% sinken.[202]

Beschreibung des Modells

Lernvorgänge unter der Bedingung von Versuch und Irrtum folgen nach der Theorie von HULL (1952) und der Formalisierung von NOBLE (1957) einer sigmoiden Kurve (siehe Formel 4.1 und Abbildung 4.2).[203]

Formel 4.1: Lernkurve nach HULL und NOBLE

$$R_P = a * (i)^{r^N}$$

R_P	--	Wahrscheinlichkeit der richtigen Entscheidung
a	1	Asymptote von Rp
i	0-1	Ausgangswahrscheinlichkeit (1/Nr)
r	0-1	Lernrate
N	--	Anzahl Versuche

Die Lernkurve nach HULL und NOBLE eignet sich für das Modell dieser Arbeit besonders, da sie auf einer rein zufallstheoretischen Grundlage aufbaut. In ihr gehen drei wichtige Parameter ein:[204]

- Die Ausgangswahrscheinlichkeit i, eine korrekte Antwort in der Versuch-und-Irrtums-Beziehung zu finden. Der Parameter i entspricht der Inversen von NR, der Zahl an Antwortmöglichkeiten, vorausgesetzt, diese können bestimmt werden.
- Der Exponent r, der ein Maß für den Lernfortschritt ist.
- Die Wahrscheinlichkeit a, nach ausreichend langer Lernzeit die korrekten Reaktionen zu zeigen. Im Prinzip wird sich R_p asymptotisch an 1 und damit an 100 Prozent richtige Entscheidungen annähern. Es kann aber wahrscheinlichkeits-

202 Deutsche MTM-Vereinigung e.V., https://www.dmtm.com/forschung/glossar/

203 Vgl. Noble, C.E. (The length- difficulty relationship in compound trial-and-error learning) 1957; Hull, C.L. (A behaviour system) 1952; Umstätter, C. (Tier-Technik-Beziehung bei der automatischen Milchgewinnung) 2002

204 Vgl. Umstätter, C. (Tier-Technik-Beziehung bei der automatischen Milchgewinnung) 2002

theoretisch auch Fälle geben, in denen ein Proband immer wieder testet, ob ein anderer als der erlernte Fall richtig ist.

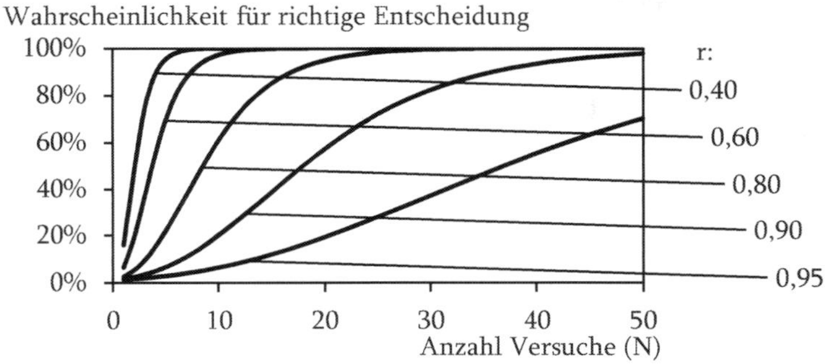

Abbildung 4.2: Lerngeschwindigkeit

Historische Einordnung und Personen

Eine erste Beschreibung der Lernkurventheorie findet sich 1936 bei WRIGHT. WRIGHT formuliert ein Modell, welches eine prozentual konstante Abnahme der zur Produktion eines Flugzeugs benötigten Produktionsstunden bei jeder Verdopplung der kumulierten Produktionsmenge beschreibt.[205]

ANDRESS fasst 1954 in „The learning curve as a production tool" die Beobachtungen seit WRIGHT zusammen, die maßgeblich auf den Auswertungen von Produktionsdaten in der Flugzeugindustrie während des 2. Weltkriegs beruhen und überträgt das Problem in andere Industriebereiche.[206]

LUNDBERG („Produktivitet och räntabilitet") beobachtet bei den Horndal Stahlwerken (Schweden) 1961 in einem Zeitraum von 15 Jahren einen jährlichen Anstieg der Arbeitsproduktivität, Output je Mannstunde, um durchschnittlich zwei Prozent ohne signifikante Veränderungen der Produktionsmethoden im Werk.[207]

ARROW („Economic Implications of Learning by Doing") beschreibt 1962 in einem mathematischen Modell den Einfluss der Erfahrung auf die Arbeitskosten je Outputeinheit. Dabei drückt er die Erfahrung durch Bruttoinvestitionen in der Produktion

---

[205] Vgl. Wright, T. P. (Factors affecting the cost of airplanes) In: Journal of the Aeronautical Science, 1936, S. 122-128.

[206] Vgl. Andress, F. J. (The learning curve as a production tool) In: Harvard Business review, 1954, S. 87-97

[207] Vgl. Lundberg, E. (Produktivitet och räntabilitet) 1961

aus, da die technischen Neuerungen als Stimuli auf den Arbeitsprozess wirken und den Lernprozess erzeugen.[208]

HENDERSON („Die Erfahrungskurve in der Unternehmensstrategie") bezieht im Vergleich zur Lernkurve, die lediglich die Fertigungskosten berücksichtigt, 1974 die gesamten auf die Wertschöpfung bezogenen anteiligen Gesamtstückkosten mit ein. Er beschreibt den Zusammenhang zwischen kontinuierlich sinkenden Kosten über der kumulierten Produktionsmenge und der daraus abzuleitenden Preisstrategie in einem Markt.[209]

Zwischen 1950 und 1980 werden in zahlreichen Industrien Untersuchungen von Lern- und Erfahrungskurven durchgeführt: u.a. Aircraft, Apparel, Automobile, Automotive, Computers, Electrical, Eletronics and Semiconductors, Metals, Motorcycles, Muscial Instruments, Petrochemicals, Petroleum, Power Plant Constructions, Rayon, Refrigerators and Air Conditioning, Solar Technology, Steel, Television Sets etc.[210]

Kernaussagen der Modelle

Für die Arbeit wurde ein Lernmodell ausgesucht, das auf zufallstheoretischen Annahmen basiert. Das Modell nach HULL und NOBLE beschreibt eine Lernkurve, die auf Versuch und Irrtum beruht. Dies ist für das Lösungsmodell der Arbeit eine geeignete Annahme, da in der Lernkurve die Montagezeit der benachbarten Stationen erraten werden muss. Motorische Fähigkeiten spielen in dem Modell keine Rolle. Darüber hinaus ist das Konzept der Lernkurve relevant, da sie zeigt, dass die Leistung von manuellen Montagevorgängen auch von der Lernkurve der Mitarbeiter abhängt.

4.3 Der Hawthorne-Effekt

Die sogenannten Hawthorne-Studien begannen in den 20er Jahren des letzten Jahrhunderts und wurden bis 1932 in den Werken der Western Electric Company in Ci-

208 Vgl. Arrow, K. J. (The Economic Implications of Learning by Doing) 1962, S. 155-173.

209 Vgl. Henderson, B. D. (Die Erfahrungskurve in der Unternehmensstrategie) 1974

210 Vgl. Hieber, W. L. (Lern- und Erfahrungskurveneffekte) 1991, S. 10; Dutton, J. M. et al. (The History of Progress Functions as a Managerial Technology) 1984, S. 204-233; Ebbinghaus, H. (Über das Gedächtnis) 1985; Wacker, P.-A. (Die Erfahrungskurve in der Unternehmensplanung) 1980; de Greiff, M. (Lernkurven in der manuellen Montage) 2001; Rohmert, W./Kirchner, J.-H. (Anlernung sensumotorischer Fertigkeiten in der Industrie) 1969; Volpert, W. (Sensumotorisches Lernen) 1971

cero, Illinois in den USA durchgeführt.[211] Ziel der Untersuchungen war es, den Einfluss der Umweltbedingungen auf unterschiedliche Bereiche wie Arbeitsleistung, Verhalten und Gesundheit der Arbeiter zu untersuchen. Diese Studien wurden durchgeführt, da mit den zuvor herrschenden Arbeitsbedingungen keine zufriedenstellenden Produktionszahlen erreicht werden konnten und die Personalfluktuation zu hoch war. Für die Durchführung der Studie wurde eine Gruppe von Frauen mit der Montage von Telefonrelais beauftragt. Während der Arbeitsdurchführung wurden die Faktoren Beleuchtung, Arbeitszeit und Arbeitspausen variiert, um deren Auswirkung auf die Untersuchungsmerkmale zu bestimmen.[212]

Beschreibung des Modells

Während der Auswertung der Studien wurde festgestellt, dass bei der Variierung der Helligkeit die Leistung der Arbeiter nicht direkt von der Helligkeit am Arbeitsplatz abhängig war. Es existierte kein direkter Zusammenhang zwischen Helligkeit und Arbeitsleistung, aber in den Abteilungen, die für die Durchführung der Experimente ausgewählt wurden, stieg die Leistung der Arbeiter. Selbst bei einer Reduzierung der Helligkeit wurde ein Leistungsanstieg gemessen.[213] Auch bei anderen Faktoren zeigten sich ähnliche Ergebnisse: alle Variationen und auch die Rücknahme dieser Variationen führten zu verbesserten Arbeitsleistungen.[214]

Diese Ergebnisse wurden im Anschluss so interpretiert, dass die intensive Beschäftigung der Forscher mit den Arbeitern und die veränderte soziale Situation während der Arbeit für die Leistungssteigerung verantwortlich waren. Daraus wurde gefolgert, dass beispielsweise durch eine freundliche Arbeitsatmosphäre die Arbeitszufriedenheit und die Motivation für die Aufgaben erhöht werden kann, um so die Leistung der Arbeiter zu steigern.[215] Aus diesem Experiment wurde auch der Begriff des Hawthorne-Effekts geprägt, der die Beeinflussung des Verhaltens der Teilnehmer an einer Studie durch die Beobachtungssituation beschreibt.[216]

---

[211] Es existieren uneinheitliche Jahresangaben, vgl. etwa Kirchler, E. (Arbeits- und Organisationspsychologie) 2008, S. 64 und Nerdinger, F. W. (Arbeits- und Organisationspsychologie) 2008, S. 56

[212] Vgl. Kirchler, E. (Arbeits- und Organisationspsychologie) 2008, S. 64

[213] Vgl. Nerdinger, F. W. (Arbeits- und Organisationspsychologie) 2008, S. 56

[214] Vgl. Kirchler, E. (Arbeits- und Organisationspsychologie) 2008, S. 64

[215] Vgl. Kirchler, E. (Arbeits- und Organisationspsychologie) 2008, S. 64f.; Nerdinger, F. W. (Arbeits- und Organisationspsychologie) 2008, S. 56

[216] Vgl. Nerdinger, F. W. (Arbeits- und Organisationspsychologie) 2008, S. 56

Historische Einordnung und Personen

Die Hawthorne-Experimente wurden zu einer Zeit durchgeführt, als die sozialen Aspekte des Arbeitslebens kaum beachtet wurden. Der Mensch galt bis dahin als „homo oeconomicus“[217], der versucht, seinen eigenen Nutzen zu maximieren und vor allem an finanziellem Gewinn interessiert ist. Bei diesem Menschenbild wurde angenommen, dass die Entscheidungen immer auf rationalen Überlegungen basieren.[218] Nach dem Ende des ersten Weltkriegs wurde aus der bereits früher gewonnenen Erkenntnis, dass die Herstellung von menschlichen Beziehungen zu den Arbeitern ein erstrebenswertes Ziel ist, ein akutes Problem. Durch gesellschaftliche Randbedingungen wie Geldentwertung und Unzufriedenheit mit den politischen Mitgestaltungsmöglichkeiten entstand ein großer Motivationsmangel. Dieser Missstand wurde auch dadurch verschärft, dass mit den Methoden der wissenschaftlichen Betriebsführung häufig höchst monotone Arbeitsplätze gestaltet worden waren.[219] Wichtig war daher eine Beschäftigung mit den sozialen Aspekten der Arbeitsgestaltung, und die erhaltenen Ergebnisse wurden dementsprechend interpretiert.

Mittlerweile konnten methodische Schwächen bei der Durchführung der damaligen Studien nachgewiesen werden, die die Ergebnisse in anderem Licht erscheinen lassen. Die Arbeiter, die zur Messung der Leistung beobachtet wurden, konnten unter privilegierten Bedingungen arbeiten, hatten höhere Löhne und wurden von den Beobachtern mehrfach wegen Schwatzhaftigkeit ermahnt. Es wurde damit gedroht, wieder an den alten Arbeitsplatz versetzt zu werden, wenn die Arbeitsleistung nicht gesteigert werden würde, und zwei Arbeiter, die diesen Anweisungen nicht folgten, wurden ersetzt. Es gab regelmäßige Rückmeldung über die Arbeitsleistung und eine Anweisung, so schnell wie möglich zu arbeiten. Dadurch ist die Aussagekraft der Studien aus heutiger Sicht zwar gering, sie haben aber die Bedeutung der Arbeitspsychologie aufzeigen können.[220] Durch modernere Studien hat sich zudem gezeigt, dass das von den Studien vorgeschlagene mitarbeiterorientierte Führungsverhalten durchaus positiv auf Mitarbeiterzufriedenheit und Mitarbeiterleistung wirken kann.[221]

Kernaussagen des Effektes

Für die vorliegende Arbeit sind besonders zwei Aspekte der Hawthorne-Experimente, ungeachtet ihrer methodischen Mängel, von Bedeutung. Die Erkennt-

[217] Vgl. Pareto, V. (Manuale di Economia Politica) 1919, S. 15
[218] Vgl. Kirchler, E. (Arbeits- und Organisationspsychologie) 2008, S. 62f.
[219] Vgl. Nerdinger, F. W. (Arbeits- und Organisationspsychologie) 2008, S. 56
[220] Vgl. Kirchler, E. (Arbeits- und Organisationspsychologie) 2008, S. 64f.
[221] Vgl. Nerdinger, F. W. (Arbeits- und Organisationspsychologie) 2008, S. 56

nis, dass die Mitarbeitermotivation durch das bewusste Wahrnehmen einer Beobachtungssituation verändert werden kann und die Symmetrie von Motivationseffekten (Abbildung 4.2). Damit ist gemeint, dass sowohl die Erhöhung der Beleuchtung als auch die Reduzierung der Beleuchtung einen positiven Effekt hatte. Gerade der zweite Aspekt ist für die Arbeit wichtig. Das Theoriemodell, das in Kapitel 5 vorgestellt wird, beruht auf der Überlegung, dass die Struktur der Montage sowohl positive als auch negative Einflüsse auf die Leistung haben kann.

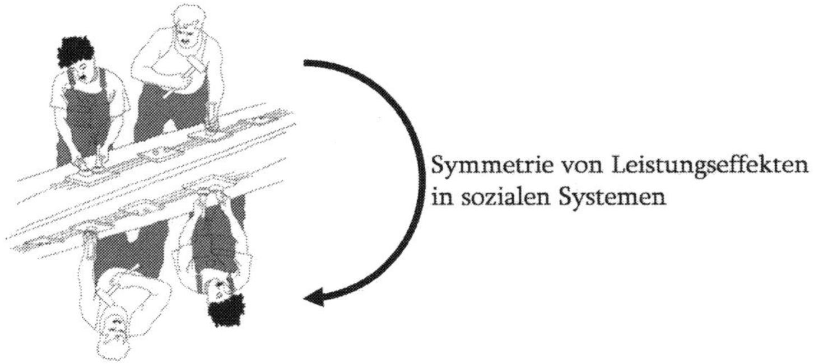

Abbildung 4.3: Symmetrie von Leistungseffekten in sozialen Systemen[222]

4.4 Gruppenbedingte Motivation in der Soziologie und Psychologie

Die Grundlage des Lösungskonzeptes dieser Arbeit beruht auf zwei Konzepten aus der Soziologie und Psychologie, die im Folgenden vorgestellt werden. Gruppenbedingte Motivationsgewinne aus Sicht der Arbeitspsychologie lassen sich nach zwei Kategorien unterscheiden.

Das erste Merkmal ist die Selbstkategorisierung eines Mitarbeiters, die zwischen der Wahrnehmung als eigenständige Person („Ich") oder als Gruppe („Wir") unterscheidet.[223] Mit dieser Kategorisierung ist die Frage nach der sozialen Identität verbunden, also ob in der aktuellen Situation die Wahrnehmung als Gruppenmitglied oder die als Individuum überwiegt.

Die zweite Dimension beschreibt den Einfluss einer Wettkampfsituation auf die Motivation der Mitarbeiter. Diese „Wettkämpfe" können sowohl zwischen Gruppen als

---

222 Eigene Darstellung in Anlehnung an Charlie Chaplin „Modern Times"

223 Vgl. Schuler, H. (Lehrbuch der Personalpsychologie) 2006, S. 598

auch zwischen einzelnen Personen auftreten.[224] Der Einfluss der beiden Dimensionen lässt sich auf zwei Konzepte aus der Psychologie zurückführen, die als Task Interdependence und Task Visibility bezeichnet werden (Abbildung 4.4).

Im Folgenden werden nun diese beiden Konzepte, die bei einer Selbstkategorisierung und einer Wettbewerbssituation der beobachteten Person als Individuum auftreten, näher erläutert und ihre Auswirkungen auf die Leistungsfähigkeit von Arbeitsgruppen dargestellt.

Abbildung 4.4: Konzept der Taks Interdependence und Task Visibility[225]

Task Interdependence

Die Verknüpfungen zwischen Mitarbeitern und Ressourcen, die bei der Erfüllung der Montageaufgabe entstehen, führen zu gegenseitigen Abhängigkeiten. Diese Abhängigkeiten, die sich aufgrund der Montagefolge ergeben und einen direkten Einfluss auf die Leistung des Montagesystems haben, werden hier mit dem englischen Begriff der „Task Interdependence" bezeichnet.[226] Aufgaben, die im Laufe ihrer Bearbeitung von mehreren Personen teilweise erfüllt werden, erzeugen dabei Koordinationsaufwand bei der Abgrenzung der Aufgabenbereiche. Darüber hinaus können gegenseitige Abhängigkeiten über den Einsatz von Ressourcen (Maschinen, Informationen, Arbeitskraft etc.), die von mehreren Aufgaben beansprucht werden, entstehen.

224 Vgl. Schuler, H. (Lehrbuch der Personalpsychologie) 2006, S. 598
225 Eigene Darstellung in Anlehnung an Charlie Chaplin „Modern Times"
226 Vgl. Liden, R./Wayne, S. et al. (Social Loafing) 2004

In dem Modell von SCHULER wird als gruppenbedingte Motivationssteigerung der Köhler-Effekt genannt, der die Steigerung der Leistungsfähigkeit von kleinen Gruppen bei der gemeinsamen Erledigung von motorischen Aufgaben beschreibt. Wenn ein bestimmtes Kräfteverhältnis zwischen den Gruppenmitgliedern vorliegt, steigt die Arbeitsleistung über die Summe der Einzelleistungen hinaus an, da sich die Gruppenmitglieder wechselseitig motivieren.[227] Im Folgenden werden Effekte, die von der gegenseitigen Beeinflussung von Gruppenmitgliedern während der Arbeitserfüllung geprägt sind, unter dem breiteren Begriff Task Interdependence summiert.

Die gegenseitige Abhängigkeit der Mitarbeiter im Arbeitsprozess erzeugt ein Verhalten, das mit dem Begriff der „Felt Responsibility“ beschrieben wird. Dieser Begriff bezeichnet das Gefühl, dass sich ein Mitarbeiter für den Arbeitsfortschritt eines anderen Mitarbeiters verantwortlich fühlt und deswegen eigene Anstrengungen unternimmt, um ihn bestmöglich zu unterstützen.[228] Eine frühe Formulierung dieses Konzepts findet sich bereits bei THOMAS, der die Kräfte, die auf einzelne Arbeiter wirken und aus der Verantwortung Einzelner für das Fortkommen der Gesamtgruppe stammen, analysiert. Dabei wird auch die stärkere emotionale Spannung, die durch höhere gegenseitige Abhängigkeiten entsteht, mit in die Wirkzusammenhänge aufgenommen.[229]

Auch für Arbeiten, die von den Mitarbeitern als besonders wichtig eingeschätzt werden, sind ähnliche Zusammenhänge zu beobachten. Bei diesen Aufgaben erhöht sich das Arbeitstempo der überdurchschnittlich fähigen Mitarbeiter noch weiter, wenn sie sich ihrer relativen Leistungsfähigkeit bewusst sind. Je wichtiger die Arbeit dabei wahrgenommen wird, desto größer ist die Leistungssteigerung.[230] Im Kontext der Gruppenarbeit ist zu vermuten, dass eine Arbeit, die den Fortschritt anderer Arbeiter beeinflusst, als wichtiger wahrgenommen wird als eine Arbeit, deren Weiterführung nicht von anderen Gruppenmitgliedern wahrgenommen wird.

Dieser Gedanke entspricht auch dem Konzept von KIGGUNDU, das eine Unterscheidung zwischen zwei Arten von Task Interdependence vornimmt. Er vermutet, dass die Arbeiten, die den Fortschritt eines anderen Aufgabenteils aktiv beeinflussen, eine sogenannte „Initiated Interdependence“ (dt. etwa „erzeugte Abhängigkeit“) beim Mitarbeiter bewirken. Diese ist umso größer, je höher der Anteil der abhängigen

[227] Vgl. Schuler, H. (Lehrbuch der Personalpsychologie) 2006, S. 599

[228] Vgl. Doerr, K. et al. (Heterogeneity and variability in the context of flow lines) 2002, S. 600; Tan, H. H./Tan, M. L. (Organizational Citizenship Behavior and Social Loafing) 2008, S. 95

[229] Vgl. Thomas, E. J. (Effects of Facilitative Role Interdependence on Group Functioning) 1957, S. 347–366

[230] Vgl. Doerr, K. et al. (Heterogeneity and variability in the context of flow lines) 2002, S. 599

Aufgaben von der betrachteten Aufgabe ist. Genauso existiert auch die „Received Interdependence“ (dt. etwa „empfangene Abhängigkeit“), die charakterisiert, wie stark die betrachtete Aufgabe vom Arbeitsfortschritt anderer Aufgaben abhängt.[231] Aus verschiedenen Studien kann daraus abgeleitet werden, dass ein hoher Grad an erzeugter Abhängigkeit in den Tätigkeiten motivierend auf die ausführenden Arbeitskräfte wirkt, während ein hoher Grad an empfangener Abhängigkeit den gegenteiligen Effekt hat.[232]

Der Einfluss der Task Interdependence auf die Leistung von einzelnen Mitarbeitern und Arbeitsgruppen wurde mehrfach untersucht. Dabei kam es, in Abhängigkeit von den Eigenschaften der zu verrichtenden Arbeit, zu unterschiedlichen Ergebnissen. Bei Arbeiten, die eher von einer konzeptuellen und kreativen Natur waren, wiesen die Bereiche mittlerer Interdependenz die schlechtesten Gruppenleistungen auf. Im Gegenzug dazu waren mittlere Interdependenzen für rein ausführende motorische Tätigkeiten besonders produktiv.[233] Diese Untersuchungen können als Anhaltspunkt für die grundsätzliche Modellierung dienen. Sie bieten aber keine Quantifizierungsmöglichkeit, da sowohl bei der Bestimmung eines Wertes für den Begriff „Interdependence“ als auch bei der Leistungsmessung nur relative Größen verwendet wurden.

Im Zusammenhang mit Montagelinien wurde dabei auch konkret untersucht, wie sich unterschiedliche Motivationseffekte auf die Arbeitsleistung auswirken. Bei statisch festgelegten Arbeitsinhalten werden so die langsameren Mitarbeiter motiviert, schneller zu arbeiten, da sie sich bewusst werden, dass ihre Kollegen von ihnen abhängig sind. Bei den schnelleren Mitarbeitern lässt die Motivation allerdings durch den gleichen Effekt nach. Wenn aber durch eine veränderte Ablaufregelung einem schnelleren Mitarbeiter erlaubt würde, seinen Arbeitsinhalt in der Montage dynamisch festzulegen, würde sich seine Arbeitsgeschwindigkeit erhöhen, da er nun selber die langsameren Kollegen beeinflusst. Gleichzeitig würde die Arbeitsgeschwindigkeit langsamerer Arbeiter sinken, da sie stärker von ihren schnelleren Kollegen fremdbestimmt werden.[234] Diese Studie vergleicht zwar die Motivationseffekte, die bei unterschiedlichen Organisationsformen auf die einzelnen Arbeiter wirken, versucht aber keine Quantifizierung oder Simulation dieser Effekte.

---

[231] Vgl. Kiggundu, M. (Task Interdependence and the Theory) 1981, S. 501

[232] Vgl. Kiggundu, M. (Task Interdependence and the Theory) 1981, S. 505

[233] Vgl. Stewart, G./Murray, R. (Team Structure and Performance) 2000, S. 142f.

[234] Vgl. Doerr, K. et al. (Heterogeneity and variability in the context of flow lines) 2002

Task Visibility

Die Sichtbarkeit einer Person während der Erledigung einer Aufgabe beschreibt, wie leicht der Arbeitsfortschritt und das Arbeitsergebnis durch einen Beobachter zu erfassen sind. Der englische Fachbegriff, der hierfür verwendet wird, lautet „Task Visibility“ und soll auch im Folgenden verwendet werden.[235] Das Beobachten des Arbeitsfortschritts muss dabei nicht auf Vorgesetzte beschränkt werden, sondern kann auch durch Kollegen erfolgen. Interessant ist hierbei insbesondere, wie genau einer einzelnen Person bestimmte Anteile an der Leistungserbringung zugeordnet werden können.[236] Im Modell von SCHULER zur Kategorisierung von gruppenbedingten Motivationsgewinnen wird statt Task Visibility der Begriff „Mere Presence“ (dt. etwa „bloße Anwesenheit“) verwendet, der die Gegenwart von Zuschauern oder anderen handelnden Personen und ihre Auswirkung auf die Produktivität von einzelnen Arbeitern beschreibt.[237] Diese Effekte beruhen im Wesentlichen auf ähnlichen Konzepten. Im Folgenden werden derartige Phänomene daher unter dem Begriff Task Visibility zusammengefasst.

TAM geht davon aus, dass Mitarbeiter, die in Gruppen zusammenarbeiten, sich gegenseitig wahrnehmen und darüber auch den gegenseitigen Arbeitsfortschritt und die Arbeitsmotivation einschätzen können. Nach TAM führt dies dazu, dass sich die Arbeitsleistung in Gruppen insgesamt erhöht.[238] Dabei ist zu beachten, dass auch die Art der zu erfüllenden Aufgaben den Einfluss der Task Visibility beeinflussen kann. SCHULER geht besonders bei leicht zu erfüllenden Aufgaben davon aus, dass die Leistung durch die Anwesenheit anderer Personen gesteigert werden kann.[239]

Historische Einordnung und Personen

Die Beeinflussung der Leistung eines Menschen durch die Anwesenheit anderer Personen wurde schon im 19. Jahrhundert nachgewiesen. Im Experiment von TRIPLETT aus dem Jahr 1897 konnte so gezeigt werden, dass bei einfachen Aufgaben die Leistung bei der Anwesenheit anderer Person erhöht wird, auch wenn diese nicht in Wechselwirkung mit den Aufgaben der beobachteten Person stehen.[240] Dieser Ein-

---

[235] Vgl. Liden, R./Wayne, S. et al. (Social Loafing) 2004

[236] Vgl. Kidwell, R./Bennett, N. (Employee Propensity to Withhold Effort) 1993, S. 439; Tan, H. H./Tan, M. L. (Organizational Citizenship Behavior and Social Loafing) 2008, S. 94

[237] Vgl. Schuler, H. (Lehrbuch der Personalpsychologie) 2006, S. 598 f.

[238] Vgl. Tan, H. H./Tan, M. L. (Organizational Citizenship Behavior and Social Loafing) 2008, S. 94

[239] Vgl. Schuler, H. (Lehrbuch der Personalpsychologie) 2006, S. 599

[240] Vgl. Nerdinger, F. W. (Arbeits- und Organisationspsychologie) 2008, S. 108

fluss ist auch die Grundüberlegung bei der Formulierung des Konzeptes der Kybernetik zweiter Ordnung.

Untersuchungen zu gruppenbedingten Motivationsgewinnen lassen sich mindestens bis in die 20er Jahre des letzten Jahrhunderts zurückverfolgen. So wurde der Köhler-Effekt schon 1927 beschrieben.[241] Auch andere Untersuchungen zum Thema „Felt Responsibility" datieren schon länger zurück, so etwa die Untersuchungen von THOMAS aus dem Jahr 1957. Es wurden also bereits früh grundlegende Konzepte zur Beeinflussung einzelner Arbeiter von der Gruppensituation formuliert.

Kernaussagen der Modelle

Es wurde gezeigt, dass gruppenbedingte Motivationseffekte in zahlreichen Quellen beschrieben werden. In dem Lösungsmodell der Arbeit werden die zahlreichen Effekte der gruppenbedingten Motivation auf die Konzepte der Task Interdependence und Task Visibility reduziert. Als wichtige Kernaussage der Modelle ist die Existenz dieser Effekte wichtig.

4.5 Systemtheorie und Konstruktivismus

Das Theoriemodell, das der Arbeit zugrunde liegt, beruht im Kern auf den Prinzipien der soziologischen Systemtheorie nach LUHMANN und des Konstruktivismus in der Interpretation von SCHMIDT.[242] Insbesondere die Konzepte der geschlossenen Systeme und das Konzept der Erwartungs-Erwartung sind für das Lösungsmodell der Arbeit relevant und werden im Folgenden hergeleitet (siehe Abbildung 4.5).

[241] Vgl. Schuler, H. (Lehrbuch der Personalpsychologie) 2006, S. 599

[242] Vgl. Schmidt, S. J. (Eine Philosophie der Geschichten & Diskurse) 2003, (Unternehmenskultur) 2003

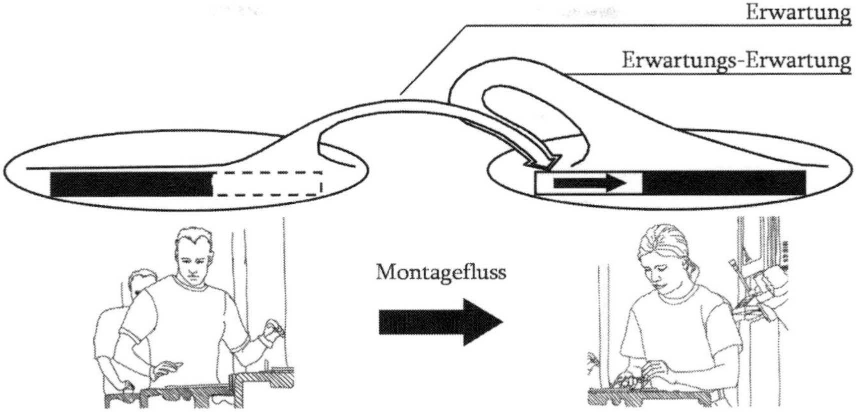

Abbildung 4.5: Konzept der Erwartungs-Erwartung

Historische Einordnung und Personen

Die Grundideen der Systemtheorie und des Konstruktivismus stammen aus der Kybernetik. Die Kybernetik hat ihre Wurzeln im zweiten Weltkrieg. Dort standen Entwickler und Wissenschaftler vor der regelungstechnischen Aufgabe, Systeme zu gestalten, die durch eine eigenständige Regelung ein Ziel verfolgen. Die Schwierigkeit lag darin, dass der Weg nicht in allen Randbedingungen und Einflussgrößen abbildbar war, sondern sich das System trotz äußerer Einflussfaktoren auf ein vorher definiertes Ziel ausrichten sollte. Die Ursprünge der Kybernetik lagen also in der Regelungstechnik.

Nach dem zweiten Weltkrieg bildete sich eine Gruppe von Wissenschaftlern heraus, die sich regelmäßig auf den Marcy Konferenzen trafen.[243] Sie verfolgten das Ziel, die regelungstechnischen Erkenntnisse auf komplexere Systeme, z.B. Gesellschaften oder soziotechnische Systeme, zu übertragen. Zu den Wissenschaftlern gehörten unter anderem: WARREN MCCULLOCH, GREGORY BATESON, NORBERT WIENER, MAX DELBRÜCK, JOHN VON NEUMANN, CLAUDE SHANNON und HEINZ VON FOERSTER. Der österreichische Kybernetiker HEINZ VON FOERSTER bekam die Aufgabe, die Protokolle der Konferenz zu führen, um sein Englisch zu verbessern.[244] Der Kern der frühen Kybernetik bestand in den folgenden drei Grundprinzipien:

---

[243] Vgl. Pias, C. (Cybernetics - Kybernetik) 2003
[244] Vgl. Pias, C. (Cybernetics - Kybernetik) 2003

- Information und Kommunikation als zentrale Größe der Kybernetik[245]
- Annahme von geschlossenen Systemen. Informatorische Systeme, die kommunizieren, sind in der Kybernetik und Systemtheorie immer geschlossene Systeme.[246]
- Die Annahme, dass Systeme als Regelkreise agieren und funktionieren

Nach den Marcy Konferenzen verlagerte sich der kreative Schmelzpunkt in der Entwicklung der Kybernetik in das Biological Computer Laboratory in Illinois, das von HEINZ VON FOERSTER von 1958 bis 1975 geleitet wurde. Dort vollzog sich die Entwicklung von der Kybernetik 1. Ordnung hin zur Kybernetik 2. Ordnung. Die Erweiterungen zur Kybernetik 2. Ordnung lagen z. B. in der Einbeziehung der Beobachterperspektive und der Selbsterzeugung des Systems aus sich heraus, bezeichnet als Autopoiesis. Die wesentlichen Akteure, die zu dieser Entwicklung beigetragen haben und sich in Illinois versammelten, waren neben HEINZ VON FOERSTER: W. ROSS ASHBY, HUMBERTO MATURANA, GORDON PARSK und GOTTHARD GÜNTHER.[247]

Der Zweig der Management Kybernetik wurde weitgehend durch den Engländer STAFFORD BEER geprägt. Beer entwickelte aufbauend auf den Ideen der Kybernetik das Viable System Model.[248] Die Konzepte, die BEER von ASHBY übernimmt, stammen im Wesentlichen von seinen frühen Werken zur Kybernetik. Zu der Zeit war ASHBY noch nicht am Biological Computer Laboratory.[249] Sie sind noch weitgehend in den Konzepten der Kybernetik 1. Ordnung verankert.

Die Konzepte von STAFFORD BEER bildeten später auch die Grundlagen der St. Gallener Schule der Management Kybernetik, die von ULRICH, PROBST und MALIK vorangetrieben wurde.[250]

Der nächste Schritt in der Entwicklung von der Kybernetik zur soziologischen Systemtheorie fand in den 1980er Jahren in Bielefeld statt. NIKLAS LUHMANN nahm insbesondere die Ideen von ASHBY, MATURANA und PARSK auf und entwickelte sie zu

---

245 Erwin Schrödinger formulierte dies in seinem Buch „Was ist Leben?“ (1989) so: Information tritt an die Stelle von Entropie, als Größe, die ihr entgegen steht.

246 Darin unterscheidet sich insbesondere die Allgemeine Systemtheorie von Bertalanffy (General System Theory; Biologia Generalis 1/1949 S. 114 -129 (1949)) von der Systemtheorie nach Luhmann. Der Begriff allgemeine Systemtheorie ist in dem Zusammenhang ebenfalls irreführend.

247 Vgl. Pias, C. (Cybernetics - Kybernetik) 2003

248 Vgl. Beer, S. (Kybernetische Führungslehre) 1973

249 Vgl. Ashby, W. R. (Design for a Brain) 1978; Ashby, W. R. (An Introduction to Cybernetics) 1957

250 Vgl. Ulrich, H./Dyllick, T./ Probst, G. (Management) 1984; Malik, F. (Systemisches Management, Evolution, Selbstorganisation) 2000

einer eigenständigen Systemtheorie für die Soziologie weiter.[251] Zu den wesentlichen Konzepten von LUHMANN gehören:

- Kommunikation kommuniziert nicht die Personen selbst
- Am Anfang steht immer eine zweiwertige Unterscheidung
- Das Konzept der doppelten Kontingenz

Eine Form der Weiterentwicklung der Systemtheorie bildet der Konstruktivismus. Der Begründer dieser Strömung, die sich auf die Erkenntnistheorie fokussiert, ist ERNST VON GLASERSFELD.[252] GLASERSFELD bezieht sich dabei sowohl auf LUHMANN als auch auf VON FOERSTER, MATURANA und VARELA. Die letzten drei werden oft auch als Konstruktivisten bezeichnet. Ein weiterer zentraler Vertreter des Konstruktivismus ist PAUL WATZLAWICK, der durch seine Veröffentlichungen den Konstruktivismus einer breiten Öffentlichkeit bekannt machte.[253] Ähnlich wie bei BEER spielt auch bei VON GLASERSFELD der Begriff der Viabilität eine zentrale Rolle.

Das zentrale Modell dieser Arbeit baut vor allem auf dem pragmatischen konstruktivistischen Ansatz von SIEGFRIED J. SCHMIDT auf.[254]

Bei Schmidt spielen vor allem drei zentrale Konzepte eine wesentliche Rolle, die sich gut auf die Betrachtung von Montagesystemen übertragen lassen:

- Die Grundlage aller Kommunikation und Handlungen bilden Prozesssysteme
- Die Kontingenzbewältigung als zentrales Problem in komplexen Systemen
- Das Beobachtungsmanagement als Handlungsmuster im Umgang mit Komplexität

Unter Kontingenz versteht SCHMIDT das Phänomen, dass es in komplexeren Systemen nicht nur ein mögliches Resultat eines Prozesses gibt, sondern viele. Auch bei VON FOERSTER ist dieses Konzept zu finden. Er bezeichnet es als „nicht triviale Maschine“ im Gegensatz zur „trivialen Maschine“, die unter den gleichen Voraussetzungen und demselben Kontext auch immer dasselbe Ergebnis erzeugt.[255]

Zur Bewältigung der Kontingenz führt SCHMIDT unter anderem das Konzept der Erwartungs-Erwartung ein, das eine zentrale Rolle in dieser Arbeit spielt (siehe Abbil-

[251] Luhmann, N. (Einführung in die Systemtheorie) 2004
[252] Vgl. von Glasersfeld, E. (Piaget and the radical constructivist epistemology) 1974
[253] Vgl. Watzlawick, P. (Anleitung zum Unglücklichsein) 1983
[254] Vgl. Schmidt, S. J. (Beobachtungsmanagement) 2010, Hörbuch; Schmidt, S. J. (Unternehmenskultur) 2003; Schmidt, S. J. (Eine Philosophie der Geschichten & Diskurse) 2003
[255] Vgl. von Foerster, H. (2 x 2 = Grün) 2011, Hörbuch

dung 4.6). Der Konstruktivismus geht davon aus, dass sich unser Wissen und die Entscheidungsmodelle in jedem Individuum neu aufbauen und Kommunikation nur durch die Voraussetzung einer ähnlichen Sozialisation der Kommunikationspartner möglich ist. Die Erwartung des einen Kommunikationspartners spiegelt sich als Erwartungs-Erwartung im anderen und ermöglicht so die gegenseitige Verständigung und beeinflusst unser Handeln.

Kernaussagen der Modelle

Für das Lösungsmodell der Arbeit sind die folgenden Annahmen der Systemtheorie und des Konstruktivismus relevant:

- Information ist die zentrale Größe der systemtheoretischen Modelle
- Das Systemverhalten basiert auf der gegenseitigen Beeinflussung der Systemakteure und bildet so eigenständige Regelkreise
- Die Systeme gelten als informatorisch geschlossene Systeme
- Das Verhalten der Systemakteure wird durch die Erwartungs-Erwartung bezogen auf die übrigen Systemakteure beeinflusst.

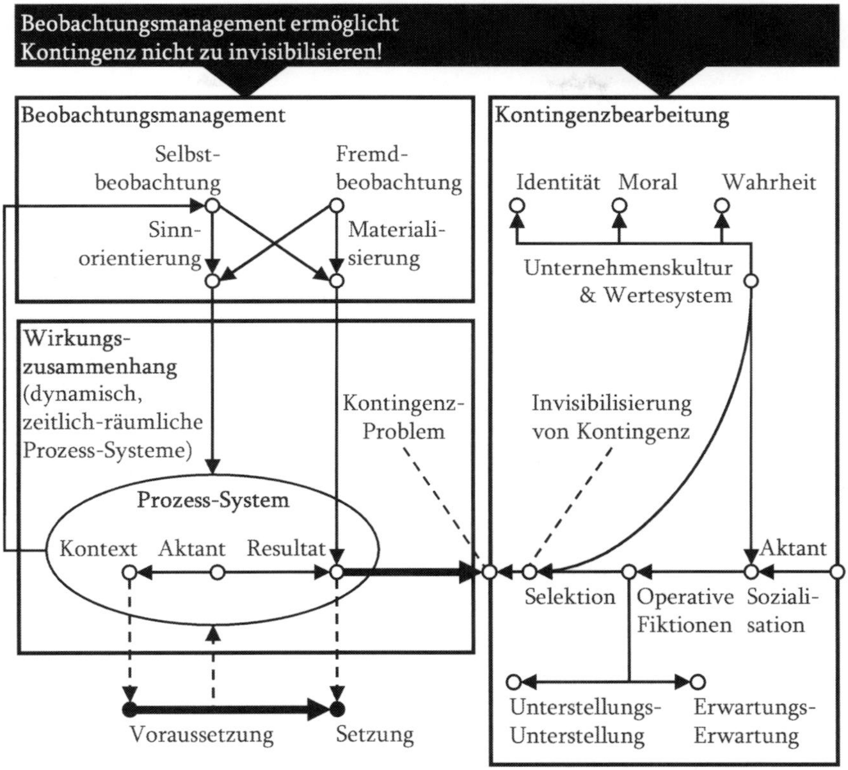

Abbildung 4.6: Konstruktivistisches Modell nach SCHMIDT

4.6 Zwischenfazit und relevante Konzepte für die Arbeit

Zusammenfassend sind die folgenden Aspekte für die Lösungsbausteine dieser Arbeit wichtig. Aufbauend auf den vorgestellten Konzepten wird im folgenden Kapitel 5 die Herleitung der Lösung aufgebaut.

Tabelle 4.1: Relevante Konzepte für die Lösung der Arbeit

Eigenschaften manueller Montageaufgaben	
	1. Die Dauer manueller Montagevorgänge ist variabel und abhängig vom Kontext im Montagesystem: Elastizität der Montagezeit.
Lern- und Erfahrungskurven	
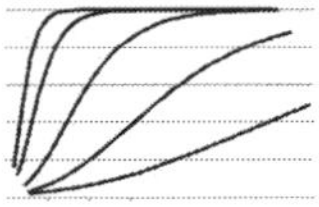	2. Die Montageleistung ist abhängig von der Erfahrung und Lerneffekten.
Hawthorne-Effekt	
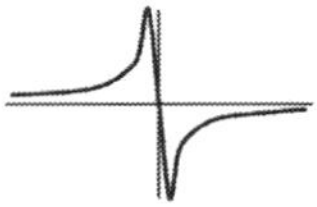	3. Die Mitarbeiterleistung ist von der bewussten Wahrnehmung einer Beobachtungssituation beeinflusst. 4. Der Leistungseffekt weist eine Symmetrie auf, kann also sowohl positiv wie auch negativ wirken.
Gruppenbedingte Motivation	
	5. Die Montageleistung wird durch die Abhängikeit der Arbeitsplätze beeinflusst: Task Interdependence. 6. Die Montageleistung wird durch die Sichtbarkeit der Montageaufgabe beeinflusst: Task Visibility.
Systemtheorie und Konstruktivismus	
	7. Die Axiomatik der Systemtheorie geht von geschlossenen Systemen aus. 8. Das Konzept der Erwartungs-Erwartung.

5 Konstruktion und Herleitung der Lösung

Im folgenden Kapitel wird der Einfluss der Montagestruktur auf die Leistungsentwicklung manueller Montagesysteme hergeleitet. Es bildet den Kern dieser Arbeit. Zunächst werden die Anforderungen an die Lösung, die in Kapitel 3 aufgezeigt wurden, in Beziehung gesetzt und um die Annahmen und Randbedingungen aus Kapitel 2 und 4 ergänzt. Dann wird die Kernidee der Lösung dieser Arbeit vorgestellt und die einzelnen Aspekte beschrieben.

Abbildung 5.1: Einfluss der Montagestruktur auf die Leistungsentwicklung[256]

[256] Eigene Darstellung in in Anlehnung an ZF

5.1 Anforderungen an die Lösung

In Kapitel 3 wurde der Stand der Forschung aufbereitet. Es wurde gezeigt, dass die Leistungsbewertung schon sehr früh eine zentrale Rolle für die Auslegung manueller Montagesysteme gespielt hat (siehe Ursprünge systematischer Montageplanung, Kapitel 3.1). Diese Arbeit knüpft gewissermaßen an den Ursprüngen der Montageplanung an und führt diese auf Basis eines neuen Theoriemodells konsequent weiter. Dies gilt ebenso für die Arbeitsorganisation manueller Montagesysteme. Darüber hinaus wurden Einflussfaktoren wie Ergonomie, Hilfsmittel und Werkzeuge, Logistik und Steuerung betrachtet. Diese Faktoren spielen, wie in Kapitel 2 hergeleitet wurde, in dieser Arbeit keine entscheidende Rolle. Im Zentrum der Arbeit stehen die Leistungsbewertung und Arbeitsorganisation vor dem Hintergrund eines soziotechnischen Systems (siehe Kapitel 3).

Die Anforderungen an die Lösung dieser Arbeit lassen sich direkt aus der Forschungsfrage heraus ableiten (siehe Kapitel 2):

Wie kann der Einfluss der Montagestruktur auf die Leistungsentwicklung manueller Montagesysteme unter Berücksichtigung der Dynamik in einem Theoriemodell abgebildet werden, das die Produktivität des Montagesystems vorhersagbar macht?

Bei der Beschreibung des Praxisproblems in Kapitel 2 wurde gezeigt, dass die Leistungsentwicklung manueller Montagesysteme nach der Umstellung von einer Standplatzmontage in eine Taktmontage durch bestehende Theoriemodelle nur unzureichend erklärbar und vorhersehbar ist.

In der Praxis haben sich durch Trial and Error Montagestrukturen herauskristallisiert, die eine positive Leistungsentwicklung zur Folge haben.

Die Anforderung an die Lösung dieser Arbeit ist, die Leistungsentwicklung dieser Montagestrukturen mit einem quantifizierbaren Theoriemodell zu hinterlegen, das insbesondere sozio-technische Aspekte berücksichtigt.

Im Kapitel 3 (Stand der Forschung) wurde deutlich, dass die Betrachtung manueller Montagesysteme als soziotechnisches System als relevant angesehen wird. Quantitative Modelle zur Vorhersage der Leistungsentwicklung basieren jedoch zumeist auf dem Modell der Lern- und Erfahrungskurven. Der Einfluss der Montagestruktur auf die Leistungsentwicklung bleibt weitgehend unberücksichtigt.

5.2 Annahmen und Randbedingungen

Der Fokus der Arbeit liegt auf dem Einfluss der Montagestruktur auf die Leistungsentwicklung manueller Montagesysteme. In Kapitel 3 wurde gezeigt, dass die Montageleistung darüber hinaus durch weitere Einflussfaktoren, wie Ergonomie, Hilfsmittel und Vorrichtungen, Logistik und Materialbereitstellung, Layout und Steuerung, beeinflusst wird. Zur Reduzierung des Einflusses dieser Faktoren auf der einen Seite und zur Fokussierung auf die drei Hauptkomponenten dieser Arbeit, Leistungsbewertung, Arbeitsorganisation und soziotechnische Einflüsse, wurde in Kapitel 2.6 der Objektbereich dieser Arbeit eingegrenzt. Diese Eingrenzung wird im Folgenden kurz zusammengefasst:

- Fokussierung des Betrachtungsbereiches auf den Maschinenbau
- Fokussierung des Betrachtungsbereiches auf einen Zeitraum kleiner ein Jahr nach der Umstellung von einer Standplatzmontage auf eine Taktmontage

Darüber hinaus wurde im Kapitel 4 der Theoriezusammenhang der Arbeit aufbereitet. Aus diesem Theoriezusammenhang wurden acht Konzepte abgeleitet, die die Grundlage bzw. Axiomatik für die Konstruktion des Lösungsmodells bilden (siehe Kapitel 4.6).

5.3 Kernidee der Lösung

Die Kernidee der Arbeit besteht darin, dass die Unterschiede zwischen der Leistungsentwicklung einer Standplatzmontage und einer Taktmontage auf die sozialen Interdependenzstrukturen zurückzuführen sind:

> Soziale Interdependenzen, aufgrund von Task Visibility und Task Interdependence, führen zu einer inneren Spannung des Montagesystems, die einen Einfluss auf die Montageleistung hat.

Die direkte Abhängigkeit und Verkettung der Montageaufgaben in der Taktmontage (Task Interdependence) kombiniert mit der besseren Sichtbarkeit des Arbeitsfortschritts (Task Visibility) führen zu einer inneren Spannung, die einen Einfluss auf die Montagezeiten der einzelnen Mitarbeiter hat.

Diese innere Spannung führt zu einem Kräftegleichgewicht aus der Erwartungs-Erwartung an die Leistung des Mitarbeiters im Montagesystem auf der einen Seite und der Elastizität der Montagezeit auf der anderen Seite.

Aufbauend auf dieser Idee im Zusammenhang mit den acht Konzepten aus Kapitel 4.6 wird im Folgenden die Lösung der Arbeit hergeleitet.

5.4 Soziale Interdependenzen als Erwartungs-Erwartungs-Kraftfeld

Eine zentrale Komponente der Lösung liegt darin, die Konzepte Task Interdependence (Konzept 5) und Task Visibility (Konzept 6) in eine Größe zu überführen, die einen Einfluss auf die Montageleistung hat. Die Grundannahme der Arbeit ist, dass die Kombination dieser beiden Größen eine Erwartung auf der Seite des Mitarbeiters der vorgelagerten oder nachgelagerten Station hervorruft. Diese Annahme wird durch die Erkenntnisse aus den Hawthorne Experimenten (Konzept 3) untermauert (siehe Kapitel 4.3). In diesen Experimenten wurde herausgefunden, dass die Mitarbeiterleistung von der bewussten Wahrnehmung einer Beobachtungssituation beeinflusst ist. Dieses Konzept wird durch die beiden Konzepte Task Interdependece und Task Visibility konkretisiert (siehe Abbildung 5.2).

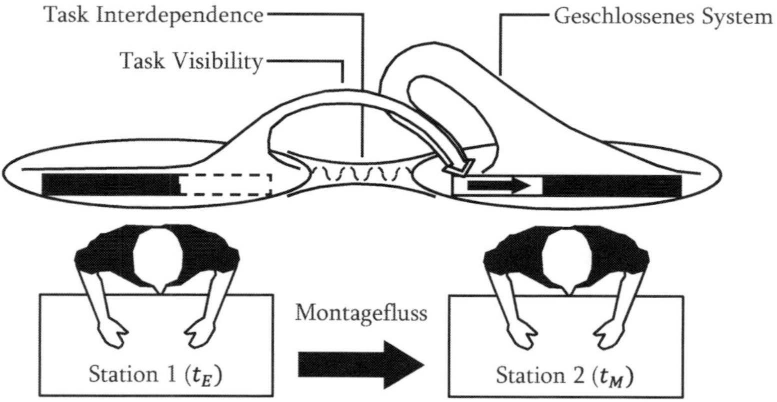

Abbildung 5.2: Task Visibility und Task Interdependence als zentrale Größen

Im Gegensatz zur Standplatzmontage sind die Arbeitsinhalte in einer Taktmontage voneinander abhängig. Die Montagezeiten benachbarter Stationen haben eine direkte Wechselwirkung miteinander. Der nächste Montageschritt kann erst begonnen werden, wenn die langsamere Montagestation ihren Montageinhalt abgeschlossen hat, da sich die Produkte auf den einzelnen Montagestationen gegenseitig blockieren. Diese Wechselwirkung oder Interdependenz setzt sich durch eine ganze Montagelinie fort.

Weiterhin werden die Montageinhalte in der Taktmontage im Vorfeld auf die einzelnen Stationen verteilt. Eine Vertauschung der Arbeitsinhalte während der Montage ist in der Taktmontage, im Gegensatz zur Standplatzmontage, nur in einem vergleichsweise geringen Umfang innerhalb einer Taktzeit möglich. Dadurch werden die Vorhersehbarkeit des Montageablaufes und damit die Vorhersehbarkeit der verbleibenden Montagezeit deutlich gesteigert. Diese beiden Aspekte spiegeln sich in dem Konzept der Task Visibility wider.

Vereinfachend soll im Folgenden von der Wechselwirkung von zwei Stationen ausgegangen werden. Die zweite Station (t_M) liegt im Zentrum des Betrachtungsbereiches. Es wird der Einfluss der ersten Station (t_E) auf die Leistung der zweiten Station hergeleitet.

Die beiden beschriebenen Konzepte erzeugen also in der ersten Station (t_E) eine Erwartung bzgl. der Montagezeit in der zweiten Station. Um diese Erwartungshaltung in Kombination mit einer wahrgenommenen Beobachtungssituation nun in einen Leistungsdruck für die zweite Station (t_M) zu übertragen, müssen zwei weitere Konzepte herangezogen werden:

- Die Axiomatik der Systemtheorie geht von geschlossenen Systemen aus (Konz. 7)
- Das Konzept der Erwartungs-Erwartung (Konzept 8)

Aufbauend auf der Axiomatik der Systemtheorie nach LUHMANN werden die beiden Montagestationen als getrennte Systeme aufgefasst, die als geschlossen angenommen werden müssen.[257] Dies bedeutet, dass die Erwartungshaltung der ersten Station (t_E) nicht direkt auf die Leistung der zweiten Station wirkt. Hierzu muss zunächst das Konzept der Erwartungs-Erwartung aus dem Konstruktivismus, das von SCHMIDT formuliert wurde, herangezogen werden.[258] Durch dieses Konzept wird die Erwartungshaltung aus der ersten Station (t_E) für die zweite Station (t_M) verfügbar gemacht (siehe Abbildung 5.2).

Die Erwartungs-Erwartung ihrerseits ist abhängig von Lerneffekten (Konzept 2). Kommt ein Produkt das erste Mal vor, ist noch nicht davon auszugehen, dass eine Erwartungs-Erwartung entsteht. Erst mit zunehmender Anzahl Wiederholungen des

[257] Vgl. Baecker, D. (Schlüsselwerke der Systemtheorie) 2005
[258] Vgl. Schmidt, S. J. (Unternehmenskultur) 2003

Produktes wird die Vorhersage der Montagezeit zuverlässiger und damit gleichzeitig auch die Erwartungs-Erwartung. Dieser Zusammenhang wird am besten über die Lernkurve nach HULL abgebildet.[259]

Zwei wichtige Eigenschaften der Erwartungs-Erwartung müssen noch eingeführt werden:

- Der Leistungseffekt weist eine Symmetrie auf, kann also sowohl positiv wie auch negativ wirken (Konzept 4).
- Die Erwartungs-Erwartung sinkt mit steigender Differenz zwischen t_M und t_E.

Die Symmetrieeigenschaft spiegelt wider, dass die Erwartungs-Erwartung nicht nur zu einer Reduzierung der Montagezeit führt, sondern genauso zu einer Verlängerung führen kann, wenn die Montagezeit t_E länger ist als t_M. Die soziale Interdependenz zwischen den Stationen führt also nicht nur zu einem positiven Effekt auf die Montageleistung, sondern kann ebenso negativ wirken (siehe Tabelle 5.3). Darüber hinaus bedingen sich die beiden Stationen gegenseitig. Vorausgesetzt die beiden Montagezeiten sind nicht gleich, wird sich eine Erwartungs-Erwartung in beide Richtungen aufbauen. Diese führt auf der einen Seite zu einer Verlängerung und auf der anderen Seite zu einer Reduzierung der Montagezeit. Damit kann durch das Modell auch erklärt werde, warum in manuellen Montagesystemen dem äußeren Anschein nach keine oder nur wenig Wartezeiten vorhanden sind, selbst wenn bei der Auslegung des Montagesystems Taktausgleichsverluste kalkuliert wurden.

Tabelle 5.1: Anforderungen an die Abbildung der sozialen Interdependenz

Unterschied zwischen Montagezeit Nachbarstation und Vorgabemontagezeit	Einfluss auf beobachtete Veränderung der Montagezeit (Δt)
hoch	gering
gering	hoch
positiv	negativ
negativ	positiv

Ob tatsächlich keine Wartezeiten in der Montagelinie zu beobachten sind, hängt jedoch auch von der Höhe der Differenz zwischen den beiden Montagezeiten ab. Übersteigt die Differenz zwischen t_E und t_M den Wert, in dem die Montagezeit

[259] Vgl. Hull, C. L. (Principles of Behaviour) 1943

beeinflusst werden kann (x), verbleiben auch nach der Berücksichtigung von sozialen Interdependenzstrukturen Wartezeiten in der Montagelinie.

Weiterhin ist das Lösungsmodell so aufgebaut, dass der induzierte Erwartungsdruck aufgrund der Ewartungs-Erwartung mit steigender Differenz zwischen den beiden Montagezeiten abnimmt. Das wird damit erklärt, dass bei einer sehr kleinen Differenz zwischen t_E und t_M eine sehr hohe Erwartungs-Erwartung entsteht. Je größer die Differenz jedoch wird, desto schwerer ist es, die Erwartung zu erfüllen (siehe Tabelle 5.3). Der Erwartungsdruck nimmt mit steigender Differenz ab. Der Druck bezeichnet in diesem Fall keinen physikalischen Druck im Sinne von Kraft mal Fläche, sondern den umgangssprachlich gefühlten Erwartungsdruck, der im Modell als Kraft modelliert worden ist.

Dieses Verhalten des Interdependenzkraftfeldes, das sich aus der Erwartungs-Erwartung ergibt, wird in der Lösung der Arbeit analog eines elektrischen Kraftfeldes modelliert (siehe Abbildung 5.3).

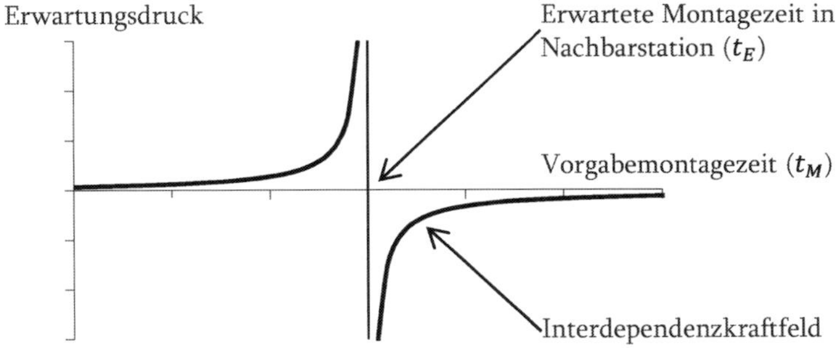

Abbildung 5.3: Erwartungsdruck als symmetrisches Interdependenzkraftfeld

5.5 Elastizität der Montagezeit als Federmodell

Dem sozialen Interdependenzkraftfeld steht die Montageaufgabe gegenüber. Aus Kapitel 4.1 wird hierzu das Konzept herangezogen, dass in manuellen Montagesystemen die Montageleistung unter anderem von der Leistungsbereitschaft und Motivation des Mitarbeiters abhängt. Die Dauer manueller Montagevorgänge ist variabel und abhängig vom Kontext im Montagesystem: Elastizität der Montagezeit (Konzept 1) (siehe Abbildung 5.4).

In der vorliegenden Arbeit wird dieser Effekt in Analogie zu einem einfachen Federmodell abgebildet. Umso höher die Abweichung von der mittleren Montagezeit ist, umso höher muss der „innere Antrieb" im Mitarbeiter sein, der diese Veränderung der Montagezeit hervorruft. Dies gilt ebenso wie beim sozialen Interdependenzkraftfeld sowohl in positive als auch in negative Richtung. Die Montagezeit kann also sowohl länger als auch kürzer werden.

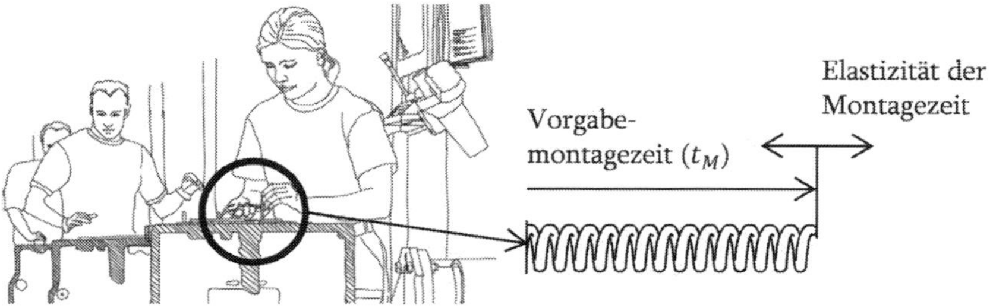

Abbildung 5.4: Elastizität der Montagezeit

Die Federkonstante (Elastizitätsfaktor der Montagezeit, c) zur Berechnung der erforderlichen Kraft ist in dem Modell ihrerseits abhängig von der Montagezeit selbst. Die Annahme die zu dieser Modellierung führt, ist, dass bei kurzen manuellen Montagevorgängen eine höhere Steifigkeit vorliegen muss als bei längeren Montagevorgängen. Je länger der Montagevorgang, desto mehr Unschärfen sind in der Planung der Montageabläufe enthalten. Diese Unschärfen erhöhen die Möglichkeit der Elastizität der Montagezeit.

5.6 Das Kräftegleichgewicht aus Erwartungs-Erwartung und Montagezeit

Mit den beiden Teilmodellen stehen nun die beiden wichtigen Elemente zur Verfügung, um ein Gleichgewichtsproblem aus Erwartungs-Erwartung und der Elastizität der Montagezeit zu formulieren (siehe Abbildung 5.5). Das Kraftfeld aufgrund der Erwartungs-Erwartung und die Kraft, die aus der Elastizität der Montagezeit resultiert, werden gleichgesetzt.

Der innere Erwartungsdruck als Resultat der sozialen Interdependenzstrukturen des Montagesystems kann so nach außen in Form einer Montagezeitveränderung sichtbar werden. Es entsteht ein Gleichgewicht aus innerem Leistungsdruck und der Möglichkeit, diesen Leistungsdruck über die Montageaufgabe in eine Montageleistung umzusetzen. Ebenso wie der Erwartungsdruck bezeichnet der Leistungsdruck keinen physikalischen Druck im Sinne von Kraft mal Fläche, sondern den umgangssprachlich gefühlten Leistungsdruck, der im Modell als Kraft modelliert worden ist. Der Leistungsdruck ist in diesem Sinne betragsmäßig dem Erwartungsdruck gleichzusetzen.

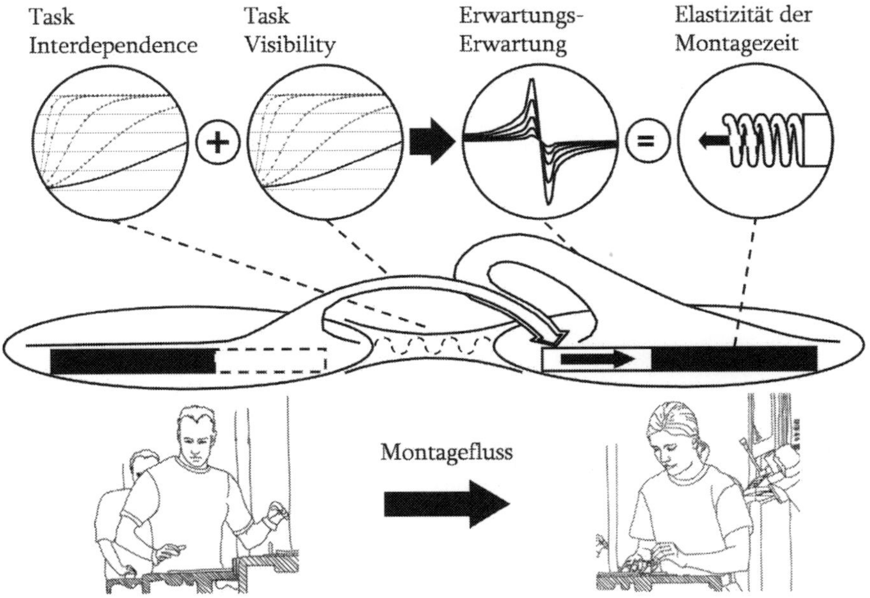

Abbildung 5.5: Modell für den Einfluss der Montagestruktur

5.7 Einfluss der sozialen Interdependenz auf die Montagezeit

Um im nächsten Schritt den Einfluss der Montagestruktur auf die Leistung des Montagesystems bestimmen zu können, muss das Gleichgewicht nach der Montagezeitveränderung aufgelöst werden. Das Resultat dieser Gleichung ist in Abbildung 5.6 dargestellt. Der Kurvenverlauf ermöglicht es bei einem bekannten Wert für die Montagezeit t_E in der benachbarten Montagestation, den Einfluss auf die eigene Montagestation für alle möglichen Montagezeiten (t_M) direkt abzulesen: Delta t_M.

Wichtig ist dabei, dass sich die beiden Montagezeiten (t_E, t_M) nicht auf dasselbe Produkt beziehen, sondern jeweils auf die Produkte, die sich gleichzeitig zu einer Taktzeit in den benachbarten Stationen befinden.

Darüber hinaus zeigt das Diagramm im Nahbereich um die erwartete Montagezeit t_E einen linearen Verlauf, der darauf zurückzuführen ist, dass die Montagezeitveränderung nicht höher wird als das Delta zwischen t_E und t_M. Dadurch entsteht in der Berechnung eine Unstetigkeit, auf die in Kapitel 6 noch einmal detailliert eingegangen wird.

Abhängig davon, ob die Vorgabemontagezeit (t_M) größer oder kleiner als die erwartete Montagezeit der Nachbarstation ist, wird die beobachtete Veränderung der Montagezeit positiv oder negativ. Damit ist das punktsymmetrische Verhalten des Modells deutlich sichtbar.

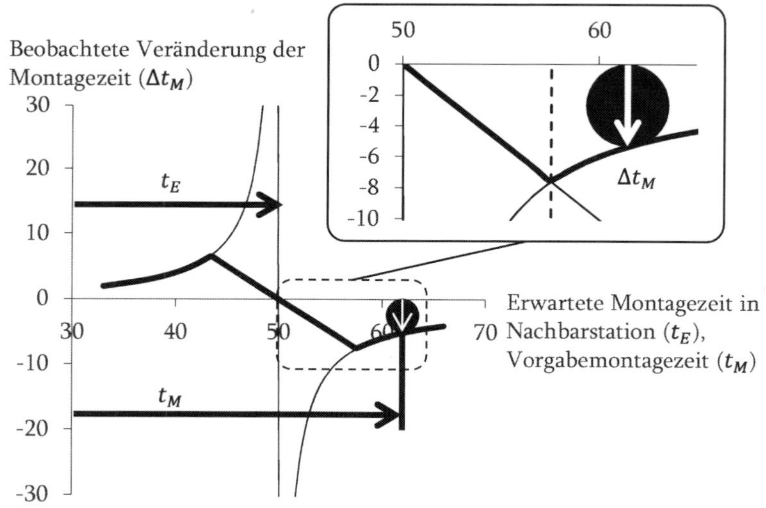

Abbildung 5.6: Einfluss der sozialen Interdependenz auf die Montagezeit

Damit sind die einzelnen Bausteine des Lösungsmodells hergeleitet und beschrieben worden. In den beiden folgenden Kapiteln folgt nun eine detaillierte Herleitung der formelmäßigen Zusammenhänge des Modells (Kap. 6) und eine exemplarische Anwendung des Modells anhand von vier Beispielen aus der industriellen Praxis (Kap. 7).

6 Detaillierung der Lösung

Im Folgenden wird die beschriebene Lösung detailliert, und die einzelnen Elemente werden in der Tiefe hergeleitet. Dazu soll zunächst ein Überblick über die Hauptformeln gegeben werden (siehe Abbildung 6.1). Diese werden im Kap. 6.2 zur Berechnung der beobachteten Veränderung der Montagezeit miteinander verbunden. In Kap. 6.3 werden die Konstanten über eine Sensitivitätsanalyse in ihrem Einfluss bewertet und parametriert. In Kap. 6.4 wird durch Simulationsstudien das Modellverhalten analysiert.

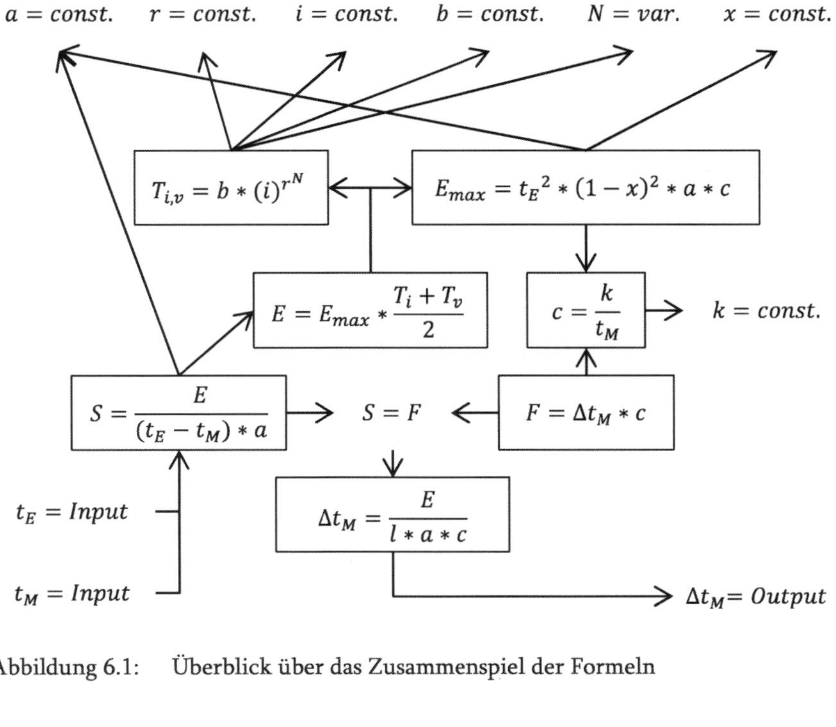

Abbildung 6.1: Überblick über das Zusammenspiel der Formeln

Zum besseren Überblick der verwendeten Variablen und Konstanten zeigt Abbildung 6.2 eine Übersicht.

Eingangsparameter (Input)	
t_E	erwartete Montagezeit in Nachbarstation
t_M	Vorgabemontagezeit
N	Anzahl Erfahrungen mit dem Produkt aus der Vergangenheit
Ergebnis (Output)	
Δt_M	beobachtete Veränderung der Montagezeit
Hauptformeln	
F	Kraft durch Veränderung der Montagezeit
c	Elastizitätsfaktor der Montage
S	Interdependenzkraftfeld
E	Erwartungs-Erwartungs-Wert
E_{max}	Maximaler Erwartungs-Erwartungs-Wert
T_i	Einfluss Task Interdependence
T_v	Einfluss Task Visibility
Konstanten	
a	Feldkonstante des Erwartungsfeldes
k	Elastizitätskonstante der Montagezeit
x	Beeinflussbarkeitsfaktor der Montagezeit
b	Asymptotenkonstante der Lernkurve
i	Ausgangswahrscheinlichkeit der Lernkurve
r	Lernrate der Lernkurve
Zwischenergebnisse	
l	Differenz von t_E und t_M
$t_{M,real}$	Reale Montagezeit
$t_{M,max}$	Maximale Montagezeit
G_1& G_2	Grenzbereiche des Erwartungsfeldes

Abbildung 6.2: Überblick der Abkürzungen für Variable und Konstante

Die Variablen und Abkürzungen aus den vorhergehenden Kapiteln werden im Folgenden nicht mehr verwendet. In den Formeln werden die Variablen in der mathematischen Schreibweise mit tief gestellten Indizes verwendet (bsp. t_M). Im Text wird dagegen eine Schreibweise mit Unterstrichen für tief gestellte Indizes verwendet (bsp. t_M).

6.1 Herleitung der Hauptformeln

Die Hauptformeln der Lösung, die in Abbildung 6.1 im Überblick zu sehen sind, werden im Folgenden hergeleitet und erklärt.

6.1.1 Kraft durch Veränderung der Montagezeit (F)

Wie in Kapitel 5.5 beschrieben, wird die Montagezeit als elastische Größe interpretiert, die sich in Abhängigkeit der Montagestruktur und der Motivation des Mitarbeiters ändern kann. Es wird angenommen, dass die Änderung umso „anstrengender" ist, je größer sie im Verhältnis zur Vorgabemontagezeit t_M ist. Dieser Zusammenhang kann in Analogie zu einem Federmodell verstanden werden. Die Veränderung der Montagezeit entspricht dabei der Auslenkung der Feder und führt durch die Multiplikation mit einer Federkonstante zu einer Kraft. Die Veränderung der Montagezeit wird in der Arbeit mit Delta t_M bezeichnet. Der Elastizitätsfaktor, der in Analogie zur Federkonstante verstanden werden kann, wird als c bezeichnet (siehe Formel 6.1).

Formel 6.1: Kraft durch Veränderung der Montagezeit (F)

$$F = \Delta t_M * c$$

6.1.2 Elastizitätsfaktor der Montagezeit (c)

Der Elastizitätsfaktor der Montagezeit (c) ist jedoch anders als bei einem klassischen Federmodell keine Konstante, sondern von der Länge der Montagezeit abhängig (siehe Formel 6.2). Damit soll berücksichtigt werden, dass es Mitarbeitern bei kurzen Montagezeiten schwerer fällt, die Montagezeit zu verändern als bei längeren Montagezeiten. Dies ist vor dem Hintergrund zu erklären, dass der Fokus auf dem Maschinenbau liegt. Im Maschinenbau gehören zu den Vorgabemontagezeiten nicht nur die eigentlichen Montage- und Fügetätigkeiten, sondern auch Nebenzeiten und vorbereitende Tätigkeiten. Je länger die Montagezeit ist, desto mehr solcher Tätigkeiten sind in der Vorgabezeit enthalten. Bei kürzeren Montagevorgängen ist dagegen davon auszugehen, dass eine genauere Planung möglich ist. Hinzu kommt der Effekt, dass bei längeren Montagevorgängen Reihenfolgevertauschungen in der Montagefolge häufiger vorkommen und für zusätzliche Verluste sorgen.

Formel 6.2: Elastizitätsfaktor der Montagezeit (c)

$$c = \frac{k}{t_M}$$

Dementsprechend ergibt sich für die Berechnung des Elastizitätsfaktors der Montagezeit k/t_M. Der Einfluss der Elastizitätskonstante (k) auf den Elastizitätsfaktor (c) ist in Abbildung 6.3 dargestellt. Durch die Betrachtung des Elastizitätsfaktors c als Funktion von t_M wird die Kraft durch Veränderung der Montagezeit zu einer dimensionslosen Größe.

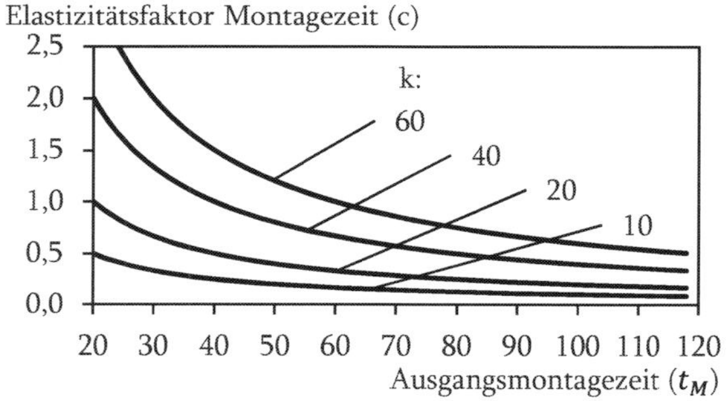

Abbildung 6.3: Elastizitätsfaktor c in Abhängigkeit zur Montagezeit

Aufgrund der Randbedingungen, die in den folgenden Unterkapiteln hergeleitet werden, kann auf eine detailliertere Beschreibung des Faktors k in diesem Kontext verzichtet werden.

6.1.3 Das Interdependenzkraftfeld (S)

Die Elastizitätskraft beruht auf der Veränderung der Montagezeit. Dem gegenüber steht ein Interdependenzkraftfeld, das sich aufgrund der Erwartungs-Erwartungen in Verbindung mit den beiden Effekten Task Visibility und Task Interdependence aufbaut.

Das Interdependenzkraftfeld ist als Feld und nicht als einfache Kraft modelliert, da es abhängig von der Differenz zwischen den Montagezeiten t_M und t_E eine veränderte Wirkung zeigt. Bei der Konstruktion der Lösung wird die Annahme getroffen, dass mit zunehmendem Abstand zwischen den Montagezeiten das Interdependenzkraftfeld überproportional abnimmt.

Zum Verständnis des Effekts kann eine Analogie zur magnetischen Feldstärke bei einem leitenden Draht herangezogen werden. Es ist an dieser Stelle noch einmal wichtig zu betonen, dass die Analogie nur zum besseren Verständnis der Formelstruktur herangezogen wird. In der Arbeit geht es nicht darum zu zeigen, dass sich soziale Interdependenzstrukturen wie magnetische Felder in der Physik verhalten, sondern darum, die konstruierte Formel durch ein Analogiebild greifbarer zu machen.

In der Physik ist die Stärke eines Magnetfeldes, das sich um einen stromleitenden Draht bildet, nach FEYNMAN folgendermaßen definiert[260]:

Die magnetische Feldstärke ist entlang einer kreisförmigen Feldlinie konstant. Sie wird von der Stromstärke I, der elektrischen Kapazität c, der Permittivität ϵ_0 sowie dem Radius r beeinflusst (siehe Abbildung 6.4). Vereinfacht dargestellt ist die Feldstärke der Quotient aus der Stromstärke, der Länge der Schleife l und dem Ausbreitungsfaktor a.

$$\mathrm{B} = \frac{I}{2\pi r * \epsilon_0 c^2} = \frac{I}{l * a}$$

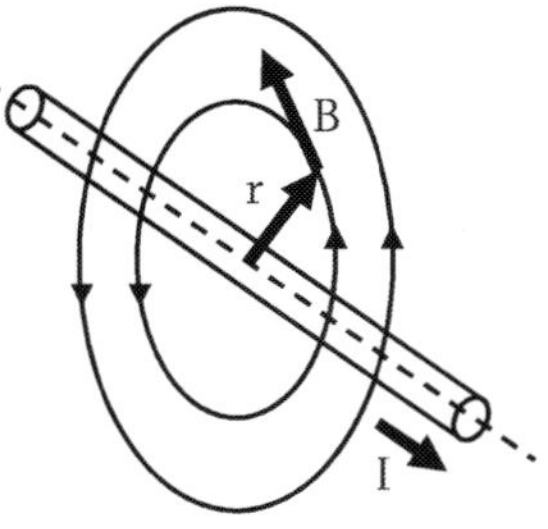

Variablen nur für diese Formeln gültig, in Anlehnung an die in der Physik verwendeten Abkürzungen!

B	Magnetische Feldstärke
I	Strom
r	Radius
c	El. Kapazität
ϵ_0	Permittivität
l	Länge der Schleife
a	Ausbreitungsfaktor

Abbildung 6.4: Das Magnetfeld als Analogie[261]

260 Vgl. Feynman, R. P./Leighton, R. B. et al. (Vorlesungen über Physik) 2009, S. 236

261 Das Magnetfeld außerhalb eines langen Drahtes, der den Strom I führt: Vgl. Feynman, R. P./Leighton, R. B. et al. (Vorlesungen über Physik) 2009, S. 236

Die Stärke des Feldes nimmt umgekehrt proportional zu l ab. Der Faktor l beschreibt in der Lösung der Arbeit die Differenz zwischen den beiden Montagezeiten t_E - t_M (siehe Formel 6.3). Durch diese Differenz ist gleichzeitig die Forderung nach der Punktsymmetrie erfüllt. Abhängig davon, ob t_M größer oder kleiner ist als t_E, ergibt sich in der Formel ein Vorzeichenwechsel für l. Das Interdependenzkraftfeld S hat damit eine Polstelle bei t_E= t_M. Ist t_M kleiner als t_E, werden die Werte positiv. Die Montagezeit t_M würde durch das soziale Interdependenzfeld demnach eine Verlängerung erfahren. Ist t_M größer als t_E, verhält es sich umgekehrt, und die Montagezeit verkürzt sich.

Formel 6.3: Interdependenzkraftfeld (S)

$$S = \frac{E}{l * a}$$

Der Faktor a spiegelt die Feldkonstante des Erwartungsfeldes und ist für die Ausbreitungsintensität verantwortlich. Je kleiner die Konstante a, desto größer ist das Kraftfeld in einem bestimmten Abstand. Um das daraus entstehende Kraftfeld mit der Kraft durch die Veränderung der Montagezeit gleichsetzen zu können, muss auch die Feldkonstante a die Einheit 1/Zeit haben. Dadurch wird auch das Interdependenzkraftfeld dimensionslos.

Entscheidend für die Größe des Kraftfeldes ist der Erwartungs-Erwartungs-Wert E im Zähler der Formel (6.3), hinter dem sich die Ursache des sozialen Interdependenzkraftfeldes verbirgt.

6.1.4 Der Erwartungs-Erwartungs-Wert (E)

Der Erwartungs-Erwartungs-Wert E setzt sich zusammen aus dem Einfluss der beiden Effekte Task Visibility (T_v) und Task Interdependence (T_i) auf der einen Seite und dem maximalen Erwartungs-Erwartungs-Wert E_max auf der anderen Seite (siehe Formel 6.4). Die beiden Faktoren, die die psychologischen Effekte auf Basis der Montagestruktur widerspiegeln, gehen gleichgewichtig als Mittelwert in die Formel ein. Sie können Werte zwischen Null und Eins annehmen.

Formel 6.4: Erwartungs-Erwartungs-Wert (E)

$$E = E_{max} * \frac{T_i + T_v}{2}$$

Die Konstruktion des Erwartungs-Erwartungs-Wertes spiegelt demnach die Grundidee wider, dass es eine maximale soziale Interdependenzstruktur gibt, die von der Montagestruktur bestmöglich unterstützt werden kann.

6.1.5 Einfluss Task Interdependence und Task Visibility

Die beiden Kernkonzepte Task Interdependence und Task Visibility werden über die Lernkurve modelliert. Das Konzept der Lernkurve nach HULL ermöglicht über die Parametrierung der Variablen den Einfluss der beiden zentralen Konzepte variabel anzupassen und so die Randbedingungen der Montagestruktur zu berücksichtigen. Hierzu wurde eine Lernkurve gewählt, die sich, ausgehend von einem Startwert (i), asymptotisch einem Maximum nähert (b) (siehe Formel 6.5).

Formel 6.5: Einfluss Task Interdependence und Task Visibility

$$T_{i,v} = b * (i)^{r^N}$$

Die Annäherung an das Maximum geschieht über die Erfahrung mit einem bestimmten Produkt. Je häufiger ein Produkt montiert (N) wird, desto sicherer ist die Vorhersage der Montagedauer und desto stärker der Effekt der Montagestruktur. Bei steigender Variantenzahl ist demnach eine wesentlich längere Lernkurve zu erwarten als bei Montagelinien mit wenigen Produktvarianten. Wie schnell die Asymptote erreicht wird, lässt sich über den Parameter r, die Lernrate, festlegen. Die Parameter für die beiden Konzepte müssen jeweils gemeinsam betrachtet werden, da in der Arbeit davon ausgegangen wird, dass sie nur gemeinsam ihre volle Wirkung entfalten können. Sie gehen deswegen gemittelt in den Erwartungs-Erwartungs-Wert ein. Da sie sich in ihrer Wirkung immer zwischen Null und Eins bewegen, können sie als Anteil an der maximalen Erwartungs-Erwartung verstanden werden.

6.1.6 Der Maximalwert der Erwartungs-Erwartung (E_max)

Zur Herleitung des Maximalwertes der Erwartung-Erwartung (E_max) müssen einige Annahmen vorgestellt und hergeleitet werden:

Angenommen, wir starten mit einer Vorgabemontagezeit t_M, die wesentlich größer ist als die Montagezeit der Nachbarstation t_E. Die Vorgabemontagezeit wird nun langsam verringert und nähert sich der Montagezeit der Nachbarstation t_E immer mehr an. Zunächst steigt dadurch der Einfluss der Interdependenzkraft auf die Vorgabemontagezeit. Der Wert Delta t_M wird betragsmäßig immer größer. Der absolute Wert sinkt in diesem Beispiel immer mehr, da die Annahme zugrunde liegt, dass t_M > t_E ist. Sobald das Interdependenzkraftfeld so groß wird, dass die Vorgabemontagezeit (t_M) auf die Montagezeit der Nachbarstation (t_E) verkürzt oder verlängert würde, ist eine Unstetigkeit in der Kurve. Reduziert sich die Vorgabemontagezeit weiter, wird sich der Betrag der beobachteten Veränderung der Montagezeit Delta t_M nicht weiter steigern, sondern linear sinken (siehe Abbildung 6.5).

Der Hintergrund dieser Randbedingung ist, dass in der Arbeit ein vereinfachtes Modell zugrunde gelegt ist. Das Schwingen der Montagezeit t_M um die erwartete Montagezeit der Nachbarstation t_E wird nicht berücksichtigt. Vielmehr kann die erwartete Montagezeit t_E als Magnet verstanden werden, der die Vorgabemontagezeit anzieht. Obwohl die Anziehungskraft immer größer wird, je näher sich die Vorgabemontagezeit nähert, kann sie aufgrund der physischen Randbedingungen des Magneten nicht über die erwartete Montagezeit hinaus angezogen werden. Ab dem Punkt, an dem die Anziehungskraft ausreicht, die beiden Montagezeiten auf den gleichen Wert zu bringen, ist eine Unstetigkeit in der Kurve.

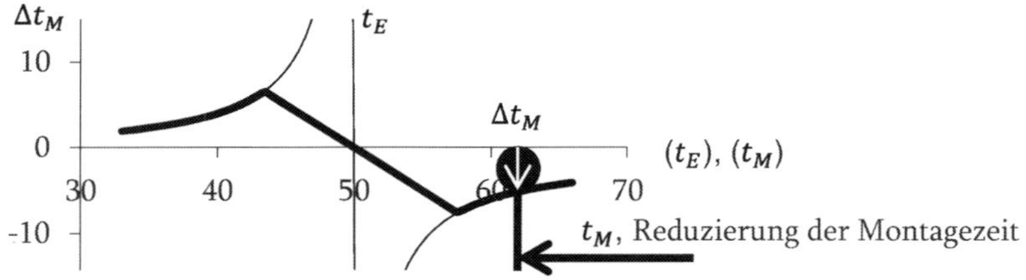

Abbildung 6.5: Gedankenexperiment Reduzierung der Vorgabemontagezeit

Verschieben wir die Vorgabemontagezeit weiter in Richtung t_E, so besteht nur noch ein linearer Zusammenhang. Um den Wert Delta t_M zu ermitteln, reicht eine einfache Differenzbetrachtung aus: t_E – t_M.

Diese Unstetigkeit kann nun genutzt werden, um den Maximalwert der Erwartungs-Erwartung herzuleiten. Zunächst werden die beiden Formeln für die Veränderung der Montagezeit (F) und zur Berechnung der Interdependenzkraft (S) gleichgesetzt und nach Delta t_M aufgelöst (siehe Formel 6.6).

Formel 6.6: Gleichsetzung von S und F und Auflösung nach Delta t_M

$$S = F$$

$$\frac{E}{l * a} = \Delta t_M * c$$

$$\Delta t_M = \frac{E}{l*a*c} \text{ mit } l = t_E - t_M$$

Im nächsten Schritt wird die Randbedingung eingefügt, dass am Punkt Delta t_M,g, also am Punkt der Unstetigkeit, die Formel 6.7 gilt. Somit haben wir zwei Formeln zur Berechnung des Wertes Delta t_M an der Unstetigkeitsstelle, die gleichgesetzt werden können.

Formel 6.7: Für Delta t_M im nahen Umfeld um t_E gilt Delta t_M,g

$$t_{M,g} = t_M + \Delta t_M$$

$$\Delta t_{M,g} = (t_E - t_{M,g})$$

Darüber hinaus fehlt noch ein weiterer Baustein zur Berechnung von E_max, der im ersten Schritt als Annahme etwas seltsam wirken mag. Später wird sich jedoch herausstellen dass die Annahme dieser Randbedingung das Modell deutlich vereinfacht (siehe Kap. 6.2.2 und Kap. 6.3.5). Durch die Festlegung des Maximalwertes t_Mg an die Stelle der Unstetigkeit kürzen sich die Feldkonstante a und die Elastizitätskonstante k bzw. a. Diese beiden Konstanten sind in dem Modell am schwersten als reale Größen fassbar und somit auch nur spekulativ zu parametrieren. Durch die Einfügung der plausiblen Annahme, dass die Verkürzung der Montagezeit ihr Maximum in der Unstetigkeitsstelle erreicht, die gleichzeitig ein Extremum der Kurve darstellt, können diese beiden schwer greifbaren Konstanten aus dem Modell verbannt werden (siehe Formel 6.8).

Formel 6.8: Maximalwert für t_Mg

$$t_{M,g} = x * t_E$$

Im nächsten Schritt werden die drei Randbedingungen in der Unstetigkeitsstelle G ineinander eingesetzt und nach E_max aufgelöst (siehe Formel 6.9).

Formel 6.9: Berechnung von E_max

$$\Delta t_{M,g} = \frac{E_{max}}{\left(t_E - t_{M,g}\right) * a * c} \xrightarrow{daraus\ folgt} E_{max} = \Delta t_{M,g} * \left(t_E - t_{M,g}\right) * a * c$$

mit $\Delta t_{M,g} = \left(t_E - t_{M,g}\right)$ folgt $\quad E_{max} = \left(t_E - t_{M,g}\right)^2 * a * c,$

mit $t_{M,g} = x * t_E$ folgt $\quad E_{max} = {t_E}^2 * (1 - x)^2 * a * c$

6.2 Einfluss der sozialen Interdependenz auf die Montagezeit

6.2.1 Die Grenzen G_1 und G_2

Für die Berechnung der sozialen Interdependenz auf die Montagezeit müssen drei Intervalle unterschieden werden (siehe Abbildung 6.6). In Kapitel 6.1.6 wurde schon auf die Unstetigkeitsstelle eingegangen. Für den Fall, dass die Montagezeiten t_M und t_E sehr nah beieinander liegen, ergibt sich eine sehr hohe Interdependenzkraft.

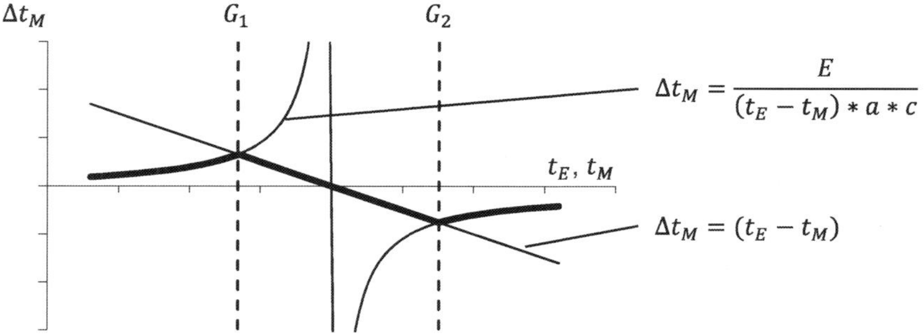

Abbildung 6.6: Darstellung der Grenzen G_1 und G_2

Im Nahbereich wird die Montagezeit aber nur soweit verändert, bis sie die gleiche Größe wie t_E hat. Ein mögliches „Überschwingen" der Montagezeiten wird in dieser Arbeit vernachlässigt. Dadurch ergibt sich für den Nahbereich folgender Zusammenhang (siehe Formel 6.10):

Formel 6.10: **Berechnung Delta t_M im Nahbereich**

$$t_{M,g} = t_M + \Delta t_M$$

$$\Delta t_{M,g} = \left(t_E - t_{M,g}\right)$$

In den äußeren Intervallen ergibt sich dagegen der folgende Zusammenhang. Zur Herleitung des Maximalwertes der Erwartungs-Erwartung (E_max) wurde das Kräftegleichgewicht aus Interdependenzkraftfeld (S) und Elastizität der Montagezeit (F) bereits formuliert. Diese Formulierung als Gleichgewichtsproblem ist eine der zentralen Ideen der Arbeit. Die Formel kann nun nach Delta t_M aufgelöst werden (siehe Formel 6.11).

Formel 6.11: **Berechnung Delta t_M**

$$S = F$$

$$\frac{E}{l * a} = \Delta t_M * c$$

$$\Delta t_M = \frac{E}{l * a * c} \text{ mit } l = t_E - t_M$$

Im nächsten Schritt werden die Formel 6.9 (E_max) und die Formel 6.4 zur Berechnung des Erwartungs-Erwartungs-Wertes (E) eingefügt und aufgelöst. Dadurch kürzen sich, wie schon in Kapitel 6.1.6 vorbereitet, die beiden Konstanten a und c heraus (siehe Formel 6.12). Dieser Effekt ist auf die Randbedingungen, die zur Berechnung von E_max berücksichtigt wurden, zurückzuführen.

Formel 6.12: Berechnung Delta t_M mit Einsetzen

$$\Delta t_M = \frac{E_{max}\frac{T_i+T_v}{2}}{(t_E-t_{M,})*a*c} \text{ mit } E_{max} = {t_E}^2 * (1-x)^2 * a * c$$

$$\Delta t_M = \frac{{t_E}^2 * (1-x)^2 * a * c * (T_i + T_v)}{\left(t_E - t_{M,}\right) * a * c * 2}$$

$$\Delta t_M = \frac{{t_E}^2 * (1-x)^2 * \ (T_i + T_v)}{\left(t_E - t_{M,}\right) * 2}$$

Damit ergeben sich die folgenden Grenzintervalle für die Berechnung von t_M (siehe Formel 6.13 und Abbildung 6.6):

Formel 6.13: Grenzintervalle für die Berechnung von Delta t_M

$$G_1 < t_M < G_2 \quad \longrightarrow \quad \Delta t_M = (t_E - t_M)$$

$$t_M \leq G_1 \ \vee \ t_M \geq G_2 \quad \longrightarrow \quad \Delta t_M = \frac{E}{(t_E-t_M)*a*c}$$

6.2.2 Berücksichtigung mehrerer sozialer Interdependenzen

Zunächst wurde das Modell auf der Interdependenz zwischen zwei Stationen aufgebaut. Die Montagestruktur erzeugt darüber hinaus aber komplexere Interdependenzstrukturen, die in der Lösung der Arbeit abgebildet werden sollen. Dazu wird im Folgenden die Anwendung der Lösung auf die Interdependenz mehrerer Montagestationen hergeleitet. Der betrachtete Referenzfall bezieht sich dabei auf den einfachsten Fall der Interdependenz zwischen drei benachbarten Stationen (siehe Abbildung 6.7). Im Fokus steht die Station 2, die sich zwischen den beiden Stationen eins und drei befindet (t_E1 und t_E2). Durch diese Erweiterung sind auch komplexe Montagestrukturen in der Lösung der Arbeit abzubilden. Die Grundlage für den Aufbau des Simulationsmodells bildet dabei die grafische Abbildung der sozialen Interdependenzen in einem Interdependenzdiagramm. Dadurch können auch Konstellationen, in denen mehrere Stationen, z.B. Vormontagestationen, oder Springer, die nur temporär in einer Station eingesetzt werden, abgebildet werden (siehe Kapitel 7: Validierung der Lösung anhand von Fallbeispielen).

Abbildung 6.7: **Berücksichtigung von mehreren sozialen Interdependenzen in einer Montagelinie**

Jede der benachbarten Stationen führt durch die Interdependenz der Montagelinie zu einem eigenen Interdependenzkraftfeld, das über die Formel 6.15 zu einer Veränderung der Montagezeit führt.

Formel 6.14: **Berechnung der einzelnen Delta t_M,i**

$$\Delta t_{M,i} = \frac{t_{E.i}{}^2 * (1-x)^2 * \ (T_i + T_v)}{\left(t_{E,i} - t_{M,}\right) * 2}$$

Die einzelnen Delta t_M,i können nun in einer einfachen Summe addiert werden (siehe Formel 6.16). Die zugrunde liegende Annahme für die Summe ist, dass das Superpositionsprinzip für die sozialen Interdependenzkräfte anwendbar ist. Stellen wir uns zunächst vor, dass alle erwarteten Montagezeiten (t_E,i) kleiner sind als t_M. Die beiden Delta t_M,i addieren sich und führen dazu, dass sich die Vorgabemontagezeit auch über den am nächsten gelegenen Wert t_E hinaus reduzieren kann. Die oben eingeführte Unstetigkeit gilt in dem Fall nur für die am weitesten entfernte Montagezeiten (t_E,i).

Formel 6.15: **Summe der einzelnen Delta t_M,i**

$$\Delta t_v = \sum_{i=1}^{n} \Delta t_{M,i}$$

Sind die erwarteten Montagezeiten alle größer als die Vorgabemontagezeit t_M, verhält es sich aufgrund der Symmetrieeigenschaften ebenso.

Für den Fall, dass die Vorgabemontagezeit t_M zwischen den beiden erwarteten Montagezeiten (t_E,i) liegt, unterscheiden sich die Vorzeichen der Delta t_M aufgrund der Punktsymmetrie. Das Superpositionsprinzip führt dann zu einer Aufhebung der Zeiten. Es kommt dann darauf an, dass die Zeiten nicht gleichmäßig um die Vorgabezeit verteilt sind, damit aus der Montagestruktur eine Veränderung der Montagezeit resultiert. Abbildung 6.8 vermittelt einen Eindruck über den Verlauf von Delta t_M bei zwei benachbarten Stationen.

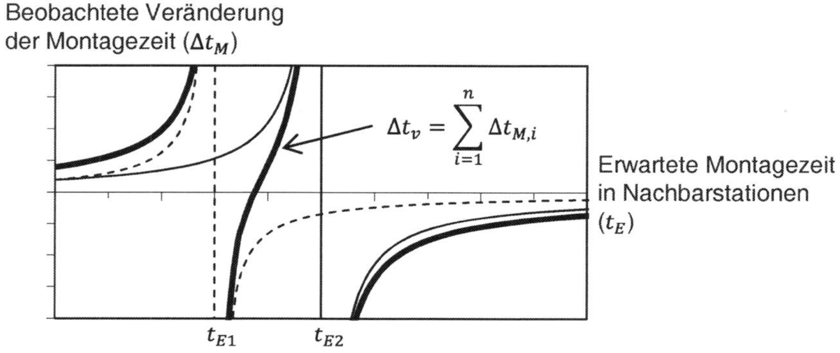

Abbildung 6.8: Superposition der einzelnen Interdependenzkraftfelder

Das Zusammenspiel mehrerer Stationen, das über die Montagestruktur zu Interdependenzkräften führt, zeigt den Charakter der konstruierten Lösung. Erst die Differenzen der Montagezeiten zwischen den Stationen und zwischen unterschiedlichen Produktvarianten führen zu einer inneren Spannung im Montagesystem, die zu einer Reduzierung der Montagezeit führen kann.

6.3 Sensitivitätsanalyse und Parametrierung der Konstanten

Im Folgenden werden die Sensitivitäten der einzelnen Konstanten analysiert und im Anschluss parametriert. Die Sensitivitätsanalyse wird folgendermaßen durchgeführt:

Die einzelnen Konstanten werden a priori festgelegt. Aufbauend auf diesem Parametersatz der Konstanten werden Parametervariationen jedes einzelnen Parameters getrennt durchgeführt, um den Einfluss jeder Konstante auf das Ergebnis einzeln berücksichtigen zu können. Anschließend wird auf Basis der Sensitivitäten und von äußeren Randbedingungen eine Plausibilisierung der Parametrierung vorgenommen.

Als Grundlage für die Analyse wurde eine erwartete Montagezeit in der Nachbarstation t_E von 50 min angenommen und eine Vorgabemontagezeit t_M von 70 min. Die übrigen Werte wurden default-mäßig folgendermaßen parametriert:

N=10, x=0,8, b=1, i=0,01, r=0,8

6.3.1 Der Beeinflussbarkeitsfaktor der Montagezeit x

Der Beeinflussbarkeitsfaktor der Montagezeit x ist eine der zentralen Größen des Lösungskonzeptes der Arbeit. Hierin spiegelt sich die Möglichkeit wider, dass in manuellen Montagesystemen der Mitarbeiter einen großen Einfluss auf die Montagezeit hat. Dies hängt sowohl von der persönlichen Leistungsfähigkeit des Mitarbeiters ab als auch von den äußeren Umständen und dem Kontext, in dem sich der Montagemitarbeiter befindet. Zur Verifizierung, dass die Montagezeit Leistungsschwankungen unterliegt, wurden in Kapitel 4.1 einige Untersuchungen angeführt.

Der Faktor x spiegelt in dem Modell nun die Beeinflussbarkeit der Montagezeit durch äußere Einflüsse wider. Er ist als relative, dimensionslose Größe zwischen Null und Eins formuliert. Je niedriger x ist, desto mehr ist die Montagezeit durch äußere Einflüsse beeinflussbar. Ein Faktor x = 0,6 bedeutet, dass die Montagezeit um 40% schwanken kann. Ein Faktor x =1 bedeutet dagegen, dass die Montagezeit keinerlei Leistungsschwankungen aufweist.

Zur Veranschaulichung des Einflusses von x auf das Systemverhalten wurde der Parameter von 0,6 bis 1,0 variiert. Die untere Schranke wurde gewählt, da Leistungsschwankungen von mehr als 40% in manuellen Montagesystemen in dieser Arbeit als nicht realistisch angesehen werden.

Die Parametervariation des Faktors x zeigt im Modell ein Systemverhalten in Form eines degressiven Ansteigens der Summe aus t_M und Delta t_M (siehe Abbildung 6.9). Es wird also immer der Einfluss des Parameters auf die Veränderung der Montagezeit t_M, die in der Sensitivitätsanalyse immer mit 70 min angenommen wird, aufgezeigt. Erwartungskonform führt also ein steigender Faktor x zu einem sinkenden Delta t_M; der Wert nähert sich immer mehr dem Wert t_M.

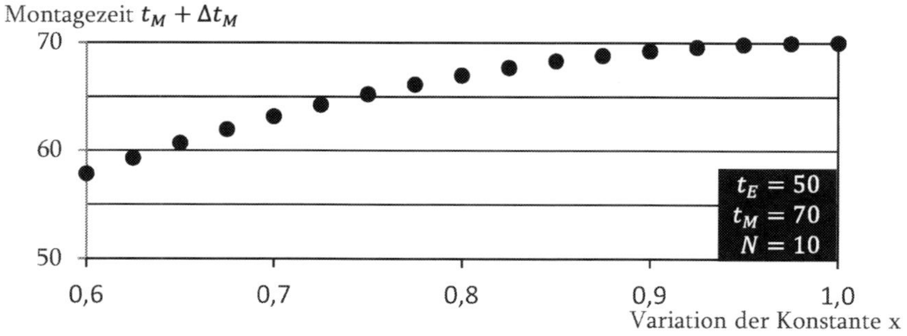

Abbildung 6.9: Variation der Konstante x

Dabei ist weiterhin zu beachten, dass der Faktor N für den Erfahrungs-Wert mit 10 parametriert wurde. Der dargestellte Systemzustand befindet sich damit noch in der Lernphase. Dies wurde deswegen so parametriert, da es bei den einzelnen Parametern einen starken Einfluss der Erfahrungskurve gibt (siehe Kapitel 6.3.6 und Abbildung 6.14). Bei kleineren Werten für N ist demnach der Einfluss von x auf das Systemverhalten deutlich geringer. Die Werte bleiben auch bei x=0,6 nahe 70. Je höher der Wert N wird, desto tiefer sinken die Werte für x=0,6, der Einfluss von x auf das Systemverhalten steigt.

In der vorliegenden Arbeit wird der Faktor x mit dem Wert 0,8 parametriert. Dies leitet sich im Wesentlichen aus der Abbildung 4.1 in Kapitel 4.1 ab. Sie zeigt, dass Leistungsschwankungen von 20% schon über einen Tag hinweg vorkommen und somit einen empirisch bestätigten Anker bilden. Es sind sicherlich auch höhere Faktoren von x denkbar. In der vorliegenden Arbeit wurde jedoch versucht, mit konservativen Annahmen vorzugehen. Weiterhin ist der Faktor x von den individuellen Randbedingungen der Montagesituation abhängig. In der Arbeit wird von überwiegend manuellen Montagetätigkeiten, wie sie im Maschinenbau üblich sind, ausgegangen. Es wird davon ausgegangen, dass zeitlich unveränderliche Anteile an der Montagezeit, wie z.B. das Abkühlen eines Flansches zum Aufschrumpfen oder Prüfroutinen, in der Summe der Montagezeit eine untergeordnete Rolle spielen.

Darüber hinaus wurde vernachlässigt, dass sich Überlagerungen von Leistungsschwankungen über den Tag ergeben. Die individuellen Leistungsschwankungen der Mitarbeiter wurden ebenfalls vernachlässigt. Dies lässt sich mit dem Bezug auf die Systemtheorie von LUHMANN begründen, die das Individuum explizit aus dem System ausschließt und sich auf das Systemverhalten beschränkt.[262] Das vorgelegte Theoriemodell erhebt demnach nicht den Anspruch, psychologisches Individualverhalten zu modellieren, sondern ausschließlich psychologische Effekte auf das Systemverhalten der Montage zu beziehen.

6.3.2 Die Asymptotenkonstante der Lernkurve b

Die Konstante b spiegelt die Asymptote der Lernkurve wider. Da die Lernkurve so aufgebaut wurde, dass sie nur Werte zwischen Null und Eins annehmen kann, bewegt sich auch b in diesem Wertebereich. Die Konstante b ist ebenfalls dimensionslos, da die Lernkurve eine Wahrscheinlichkeit für die richtige Vorhersage der Montagezeit der Nachbarstationen darstellt. In ihr spiegelt sich die Stärke des strukturellen Einflusses der beiden Effekte Task Visibility und Task Interdependence wider. Ein hoher Wert von b bedeutet einen starken Einfluss dieser Effekte, ein niedriger Wert für b bedeutet einen geringen Einfluss auf die Montageleistung.

In der Sensitivitätsanalyse wurde die Asymptotenkonstante b von 0,6 bis 1,0 variiert (siehe Abbildung 6.10). Der Einfluss der Asymptote ist dabei sehr gering und antiproportional zum Faktor x. Bei steigenden Werten für b sinkt die Summe aus Montagezeit (t_M) und beobachteter Veränderung der Montagezeit (Delta t_M). Das heißt, der strukturelle Einfluss von Task Visibility und Task Interdependence wird stärker.

Augenscheinlich führt die Variation von b zu einem linearen Systemverhalten. Im Vergleich zu den anderen Konstanten und Parametern ist der Einfluss von b sehr gering in dem untersuchten Wertebereich. Dies liegt zum einen daran, dass sich das System noch in einer Lernphase befindet (siehe N=10). Bei höheren Werten für N ist der Einfluss von b deutlich höher (siehe Abbildung 6.14).

Die Parametrierung von b kann nicht so leicht, wie beim Beeinflussbarkeitsfaktor der Montagezeit x, aus einer empirischen Betrachtung oder aus bestehenden Untersuchungen hergeleitet werden. Die Parametrierung richtet sich demnach nach einer Einschätzung bezüglich der Ausprägung der Montagestruktur. Im ersten Schritt soll daher eine Parametrierung vorgenommen werden, die sich an Extremwerten orientiert. Besteht eine direkte Verknüpfung der Montageprozesse und ist gleichzeitig eine gute Sichtbarkeit der Montagestationen im Layout gegeben, wird der Wert b = 1 angenommen. Für den Fall, dass einer der Faktoren nicht oder nur teilweise erfüllt ist, wird b zu Null gesetzt. Zur Beantwortung der Forschungsfrage, die in dieser Arbeit formuliert wurde, ist die Annahme eines Extremfalls ausreichend. Mit ihr lässt sich

[262] Vgl. Luhmann, N. (Einführung in die Systemtheorie) 2004

die Frage nach der Abbildung von empirischen Erfahrungen bezüglich der Leistungsentwicklung von manuellen Montagesystemen nach der Einführung von Taktmontagesystemen (siehe Kapitel 2) hinreichend beantworten.

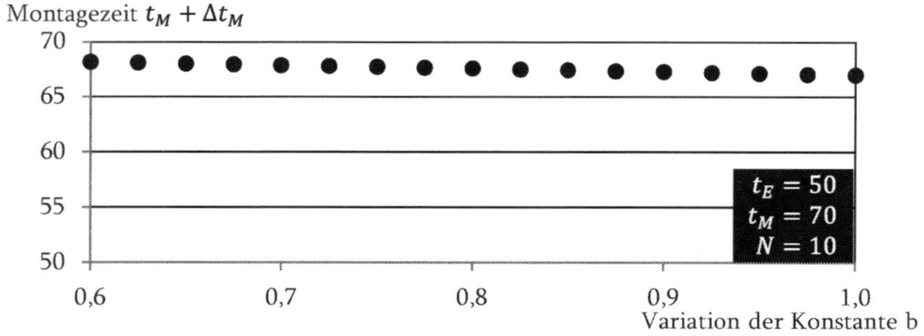

Abbildung 6.10: Variation der Konstante b

Für eine mögliche Übertragung auf den Bereich der Standplatzmontage muss eine genauere Betrachtung der strukturellen Einflüsse vorgenommen werden, die eine feinere Parametrierung der Asymptotenkonstante b beinhalten würde. Dies wurde im Laufe des Forschungsprozesses an dieser Arbeit in Form von Diplomarbeiten durchgeführt und ist nicht Bestandteil dieser Arbeit. In der Arbeit wird das Zusammenspiel von Materialbereitstellung und Montageprozess unter dem Aspekt der Planung alternativer Arbeitsreihenfolgen unter Berücksichtigung der Fehlteilsituation behandelt. Hierauf wird in der Zusammenfassung und im Ausblick (Kapitel 8) noch einmal eingegangen.

6.3.3 Die Ausgangswahrscheinlichkeit der Lernkurve i

Die Ausgangswahrscheinlichkeit der Lernkurve i bezieht sich ebenfalls auf die Lernkurve. Der Faktor i beschreibt den Einfluss der Vorerfahrung des Mitarbeiters. Mit welcher Wahrscheinlichkeit kann ein Mitarbeiter die Dauer eines Montageprozesses vorhersagen, wenn das Produkt noch keinmal montiert wurde? Der Wert für i kann ebenfalls zwischen Null und Eins liegen und ist, da es sich um eine Wahrscheinlichkeit handelt, ebenfalls dimensionslos. Zur Untersuchung der Sensitivitäten wurde bei der Ausgangswahrscheinlichkeit i eine logarithmische Verteilung der Werte gewählt (siehe Abbildung 6.11). Je höher die Werte für i werden, desto geringer wird die Summe aus Montagezeit (t_M) und Veränderung der Montagezeit (Delta t_M). Dieser Effekt ist aber nur bei kleinen Werten für N zu beobachten. Sobald die Lernkurve ihr

Plateau erreicht hat, hat die Ausgangswahrscheinlichkeit keinen Einfluss auf das Systemverhalten mehr (siehe Abbildung 6.14).

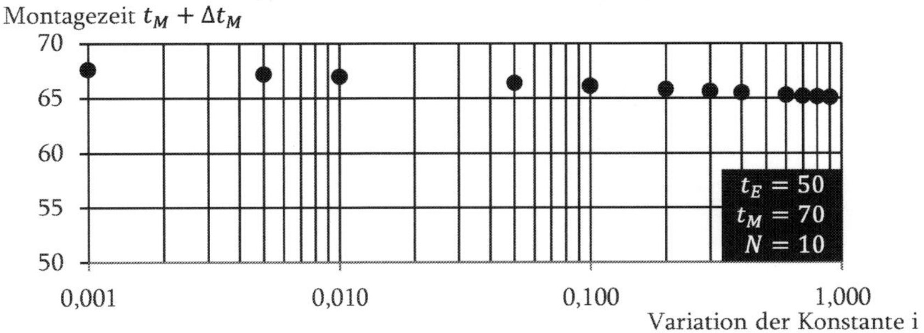

Abbildung 6.11: Variation der Konstante i

In der Arbeit wird davon ausgegangen, dass die Wahrscheinlichkeit, die Montagezeit vorherzusagen, bzw. präziser ausgedrückt die Erwartungs-Erwartungshaltung bezüglich der Vorhersage der Montagezeit, bei der ersten Montage eines Produktes sehr gering ist. Aufgrund der sehr geringen Sensitivität des Faktors i während der Lernphase und des Verschwindens des Einflusses nach der Lernphase ist die Parametrierung der Ausgangswahrscheinlichkeit keine kritische Größe für das Systemverhalten des Modells. Die Konstante i wird in der Arbeit mit 0,01 parametriert. Zur genaueren Parametrierung der Konstante i müsste, die Qualifikation und der Erfahrungsschatz der Mitarbeiter herangezogen werden. Dieser soll jedoch in dieser Arbeit vernachlässigt werden. Der Effekt, den die Berücksichtigung der Qualifikation und Erfahrung der Mitarbeiter auf das Modell hat, ist, dass die Werte für i steigen würden, was einen stärkeren Einfluss der sozialen Interdependenzstruktur zur Folge hat. Mit der Vereinfachung der Annahmen wird das Modell also konservativ parametriet und der Einfluss der sozialen Interdependenzstruktur unter Umständen leicht reduziert.

6.3.4 Die Lernrate der Lernkurve r

Die Lernrate der Lernkurve r ist der letzte Faktor zur Beschreibung der Lernkurve. Er beschreibt das Lernverhalten bei zunehmender Anzahl Versuche (siehe Abbildung 6.12). Je kleiner die Lernrate ist, desto schneller wird die Asymptote der Lernkurve b erreicht. Je näher sich r dem Wert 1 nähert, desto mehr Versuche werden benötigt, bis die Asymptote b erreicht wird.

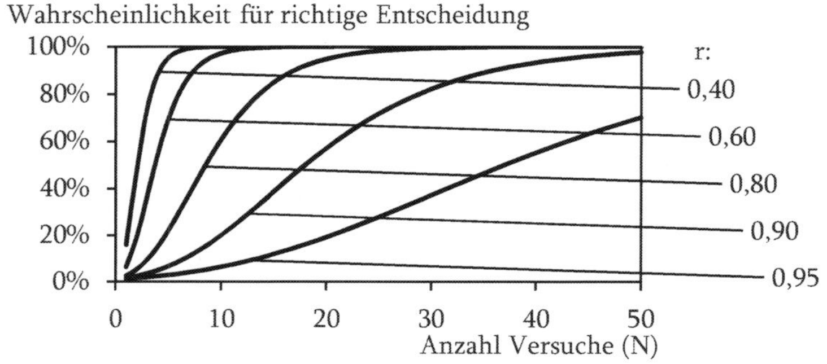

Abbildung 6.12: Einfluss der Lernrate r auf die Leistung des Systems

Ebenso wie die Ausgangswahrscheinlichkeit der Lernkurve i hat die Lernrate nur in der Lernphase einen Einfluss auf das Modellverhalten. Sie ist der entscheidende Faktor, um die Dauer dieser Lernphase zu determinieren. Wie oben beschrieben, führen hohe Werte für r zu einer langen Lernphase und kleine Werte für r zu einer sehr kurzen Lernphase.

Bei der Sensitivitätsanalyse der Lernrate r ist zu sehen, dass kleine Werte ein konstantes Systemverhalten erzeugen. Die Summe aus Montagezeit t_M und der beobachteten Veränderung der Montagezeit Delta t_M ist in diesem Bereich konstant. Ab einem Wert von r zwischen 0,7 und 0,8 steigt die Summe, bis sie am Ende den Ausgangswert von t_M erreicht (siehe Abbildung 6.13). Ab welchem Wert für r das System anfängt, auf den Ausgangswert t_M zu steigen, hängt direkt von N (Anzahl Erfahrungen mit dem Produkt) ab. In der Sensitivitätsanalyse wurde der Wert mit N=10 parametriert. Bei höheren Werten für N wird die Steigerung auf den Ausgangswert t_M bei steigenden Werten für r immer mehr verzögert. Bei kleineren Werten für N setzt der Sprung dagegen schon bei kleineren Werten für r ein. Dies zeigt die starke Interdependenz der beiden Parameter. Dies ist insbesondere in Zusammenhang mit einer hohen Produktvarianz im Montagesystem zu beachten, da die steigende Varianz die Anzahl Wiederholungen N für ein Produkt über der Zeit stark reduziert.

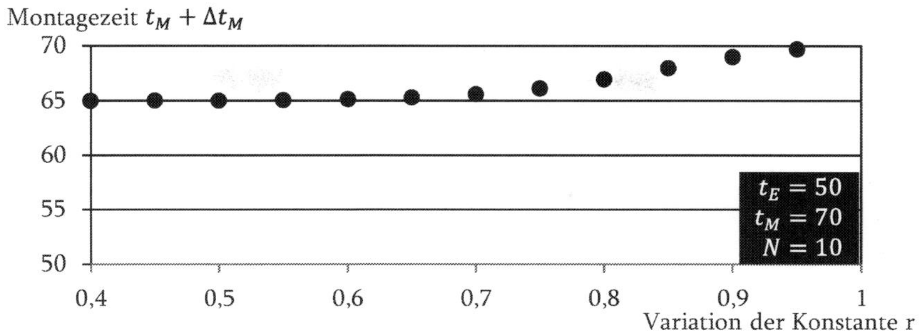

Abbildung 6.13: Variation der Konstante r

Für die Parametrierung der Lernrate r ist vor allem folgende Überlegung entscheidend: Wie häufig muss ein Produkt wiederholt werden, bevor die Vorhersage der Montagezeit zuverlässig gelingt? Dabei spielen mehrere Faktoren eine Rolle, wie zum Beispiel die Komplexität der Montageaufgabe, die Zeit zwischen den einzelnen Wiederholungen und die Dauer der Montageaufgabe selbst. Im Kontext der Arbeit wird für den Kontext des Maschinenbaus davon ausgegangen, dass aufgrund der Komplexität der Montageaufgaben mindestens 20 Wiederholungen benötigt werden, bis eine zuverlässige Vorhersage und damit verbunden Erwartungshaltung bezüglich der Montagezeit möglich ist. Daraus ergibt sich eine Parametrierung für die Lernrate r von etwa 0,8.

6.3.5 Die Feldkonstante a und die Elastizitätskonstante k

Die Feldkonstante a und die Elastizitätskonstante k spielen für das Modellverhalten keine Rolle. Sie sind nur für die Herleitung des Lösungsmodells relevant und müssen deswegen nicht parametriert werden. Sie spielen in den Formeln zur Elastizität der Montagezeit F und zum Interdependenzkraftfeld S eine zentrale Rolle.

Aufgrund der Randbedingungen zur Berechnung der maximalen Erwartungs-Erwartung E_max kürzen sich die beiden Konstanten a und k bei der Berechnung von Delta t_M.

An den Stützstellen G_1 und G_2 können die beiden Formeln zur Berechnung von Delta t_M gleichgesetzt werden. Die Höhe von Delta t_M hängt an diesen Punkten nur von dem Faktor x ab, sodass damit alle Informationen zur Berechnung vorliegen und die Feldkonstante a und die Elastizitätskonstante k gekürzt werden können.

6.3.6 Einfluss der Erfahrung (N) auf das Systemverhalten

Der Faktor N bezeichnet die Anzahl Erfahrungen mit dem Produkt aus der Vergangenheit und wird zur Berechnung der Lernkurve für T_i und T_v herangezogen.

Zur Analyse der Sensitivitäten unter Berücksichtigung der Erfahrungswerte N wurden zwei Stützpunkte ausgewählt (siehe Abbildung 6.14). N=5 bezieht sich auf einen Zeitpunkt, an dem noch wenig Erfahrungswerte vorliegen.

In der Abbildung ist erkennbar, dass zu diesem Zeitpunkt die Parametrierung der Ausgangswahrscheinlichkeit i und Lernrate r einen größeren Einfluss auf das Ergebnis hat als zu einem späteren Zeitpunkt N=100. Bei N=100 ist der Einfluss von i und r gleich Null, da die Lernkurve dort bereits ihr Maximum erreicht hat.

Mit den beiden Konstanten x (Beeinflussbarkeit der Montagezeit) und b (Asymptotenkonstante der Lernkurve) verhält es sich genau umgekehrt. Sie zeigen eine höhere Sensitivität im eingeschwungenen Zustand (N=100) und eine geringe Sensitivität bei N=5.

Im quantitativen Vergleich der Sensitivitäten untereinander ist zu erkennen, dass die Beeinflussbarkeit der Montagezeit x die größte Sensitivität aufweist. Die drei übrigen Konstanten haben nur einen moderaten Einfluss auf die Veränderung der Montagezeit Delta t_M.

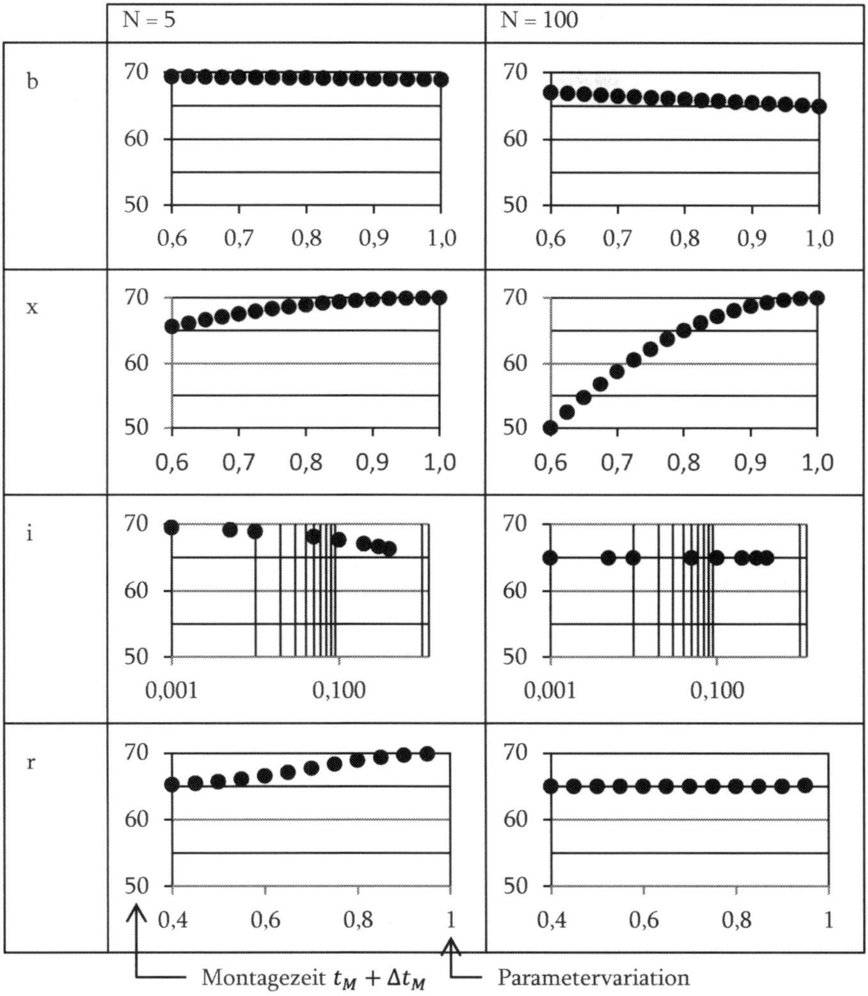

Abbildung 6.14: Vergleich der Sensitivitäten der Konstanten

6.4 Analyse des Modellverhaltens

Im folgenden Kapitel wird das Lösungsmodell in ein Simulationsmodell übertragen. Ziel ist die Analyse des Modellverhaltens am Beispiel eines einfachen Taktmontagesystems mit vier Produktvarianten.

6.4.1 Aufbau eines Simulationsmodells in Plant Simulation

Das vorgestellte Lösungsmodell zur Beschreibung der Leistungsentwicklung von manuellen Montagesystemen auf Basis von sozialen Interdependenzstrukturen bezieht sich auf die Wechselwirkung eines Mitarbeiters mit seiner Umgebung. Dabei können auch komplexere Interdependenzstrukturen abgebildet werden. Der Einfluss der Montagestruktur auf die Montageleistung bezieht sich aber immer auf einen einzelnen Mitarbeiter. Um das gesamte Systemverhalten des Montagesystems vorhersagen zu können, wird das Lösungsmodell im nächsten Schritt auf ein ereignisdiskretes Simulationsmodell des Montagesystems angewandt. Dabei sollen insbesondere die Analyse der Symmetrieeigenschaften des Modells und die gegenseitige Beeinflussung der Mitarbeiter untereinander im Fokus stehen.

Zur Umsetzung der Simulation wird die Software Plant Simulation (Version 10.1.) von Tecnomatix (UGS) verwendet. Plant Simulation ist ein typisches Beispiel für ein Programm, das eine Discrete Event Simulation (DES, dt. „ereignisorientierte Simulation“[263]) durchführt, da durch sie auch zufällige Ereignisse abgebildet und die daraus entstehenden Wechselwirkungen berücksichtigt werden können. Damit können Gestaltungsalternativen bewertet werden, die diesen Einflüssen unterworfen sind. Auch der Einfluss von Änderungen in den Regeln zur Aufgabenerfüllung, etwa der Wechsel zwischen unterschiedlichen Montagestrukturen, auf das Systemverhalten kann studiert werden.[264]

Der Aufbau der meisten Softwareprogramme bzw. Programmiersprachen, die zur Entwicklung von DES-Modellen eingesetzt werden, gleicht sich in gewissen Strukturmerkmalen: die wesentlichen Bestandteile eines Modells sind Entitäten, Aktivitäten und Ereignisse, Ressourcen, globale Variablen, Systemvariablen und der Ereigniskalender. Mit dem Programm zur Modellerstellung werden zusätzlich meist auch ein Zufallsgenerator und ein Hilfsprogramm zur statistischen Auswertung angeboten.[265]

---

[263] Vgl. Kühn, W. (Digitale Fabrik: Fabriksimulation für Produktionsplaner) 2006
[264] Vgl. Siebers, P.-O. (Worker Performance Modeling in Manufacturing Systems Simulation) 2006, S. 1
[265] Vgl. Ingalls, R. G. (Introduction to Simulation) 2002, S. 8

Der Quellcode, der die Umsetzung des Lösungsmodells in Plant Simulation zeigt, ist im Anhang zu finden.

6.4.2 Konstruktion eines Referenzdatensatzes

Als Referenzmodell zur Analyse des Modellverhaltens soll eine einfache Taktmontage mit vier Stationen dienen. Die Stationen sind ohne zusätzliche Komplexität einfach in Reihe geschaltet. Die soziale Interdependenzstruktur zeigt, dass die Mitarbeiter jeweils mit den Mitarbeitern der benachbarten Stationen verbunden sind (siehe Abbildung 6.15).

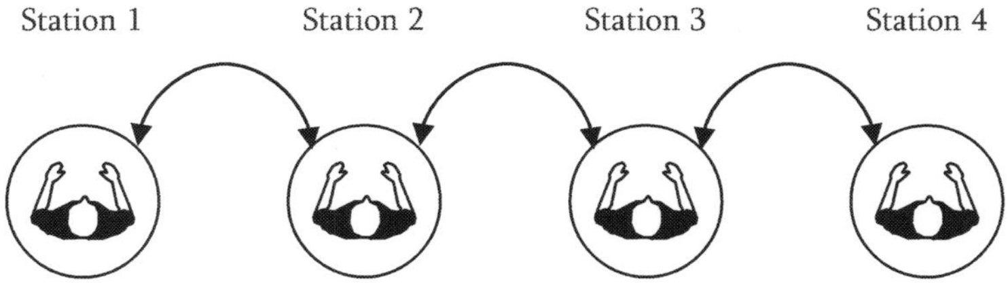

Abbildung 6.15: Soziale Interdependenzstruktur der Montage

Über die vier Stationen laufen jeweils vier Produkte mit unterschiedlichen Stationszeiten (siehe Abbildung 6.16). Die Varianz der Stationszeiten bezieht sich dabei sowohl auf die vier Produkte als auch entlang des Prozesses. Die Prozesszeiten entlang der Montagestationen sind so aufgeteilt, dass sich ein eindeutiger Engpass an Station zwei bildet (siehe mittlere Stationszeit in Abbildung 6.16.).

Produkte	Station 1	Station 2	Station 3	Station 4
Produkt A	40	48	40	40
Produkt B	38	45,6	38	38
Produkt C	40	48	40	40
Produkt D	41	49,2	41	41

Mittlere Stationszeit

Abbildung 6.16: Stationszeiten des Test-Cases in Minuten

Als Produktionsprogramm werden 100 Produkte angenommen. Die Sequenz der Produkte erfolgt nach dem Zufallsprinzip. Das bedeutet, dass die Stückzahlen der vier Produkte gleich groß sind.

Konfiguration der Modellfaktoren

Die Lernrate der Lernkurve (r_i und r_v) wird, wie in Kapitel 6.3.4 beschrieben, mit dem Wert 0,9 parametriert. Der Beeinflussbarkeitsfaktor der Montagezeit x ist, wie in Kapitel 6.3.1 beschrieben, mit 0,8 parametriert.

Erwartung an das Modellverhalten

Das Szenario ist bewusst einfach gehalten, um die grundlegende Funktionalität des Modells zu überprüfen. Bei der Simulation ist zu erwarten, dass die zweite Station die Taktzeit der Montagelinie bestimmt. Mit zunehmenden Erfahrungs-Werten wird die Taktzeit der Engpassstation 2 durch die Beeinflussung der Stationen 1 und 3 sinken. Im Gegenzug werden die Stationszeiten der benachbarten Stationen (1 und 3) steigen. Wie groß der Einfluss der vierten Station auf den Durchsatz ist, ist schwer abzuschätzen. Dementsprechend ist auch eine Prognose, auf welcher Taktzeit sich das Modell einpendelt, schwierig vorherzusagen. Darüber hinaus ist die Verzögerung der Erfahrungskurve aufgrund des Produktmixes schwer vorherzusagen.

6.4.3 Ergebnisse der Simulation

Im Folgenden sollen nun die Ergebnisse der Modellsimulation kurz dargestellt werden (siehe Abbildung 6.17). Dargestellt sind 100 Takte im zufälligen Produktmix. Es werden jeweils die Taktzeiten der einzelnen Stationen (1 bis 4) dargestellt. Die einzelnen Taktzeiten sind für jedes Produkt als Buchstabe direkt abzulesen. Über die 100 Takte können zwei Bereiche unterschieden werden. Zwischen Takt 1 und etwa Takt 50 findet eine Einschwingphase statt, in der sich die einzelnen Stationen aufeinander abstimmen. Dies passiert auch über die Produktvarianz. Ab etwa dem Takt 50 befindet sich das Montagesystem im eingeschwungenen Zustand.

Anders als bei einer klassischen Erfahrungs- oder Lernkurve ist dieser eingeschwungene Zustand aber nicht als Dauerzustand zu sehen, sondern muss vielmehr als ein Gleichgewichtszustand mit einer inneren Spannung verstanden werden. Sobald an einer der Stationen eine Veränderung stattfindet, muss sich über die soziale Interdependenzstruktur ein neuer Gleichgewichtszustand bilden. Wichtig ist, dass im Verständnis des Modells der Fokus auf der inneren Spannung liegt, die in einem verketteten Montagesystem entsteht.

Zusammenfassend kann festgehalten werden, dass das Modellverhalten in sich schlüssig ist und die erwartete Quantifizierung der dynamischen Einflussfaktoren ermöglicht.

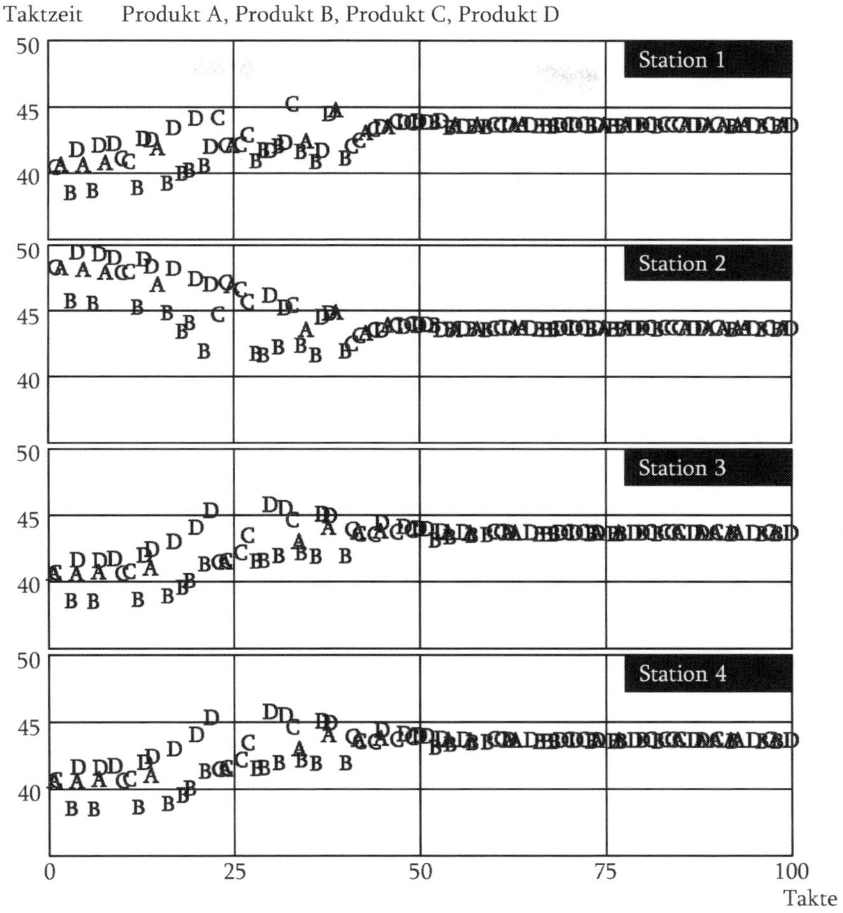

Abbildung 6.17: Entwicklung der Stationszeiten bei vier Produkten

7 Validierung der Lösung anhand von Fallbeispielen

In diesem Kapitel wird anhand von Fallbeispielen die Lösung der Arbeit validiert. Die Fallbeispiele beruhen auf Planungsprojekten, die in Kooperation mit Industrieunternehmen durchgeführt wurden. Aus diesen Erfahrungen und Informationen wurden anonymisierte Datensätze generiert. Der Anspruch an dieses Kapitel ist, die Praxistauglichkeit des entwickelten Modells zu testen und darüber eine Validierung des Modells zu ermöglichen.

7.1 Einführung in die Fallbeispiele

Zur Validierung des Modells werden drei Fallbeispiele herangezogen, die aus zwei Anwendungsfällen aus Planungsprojekten stammen (siehe Abbildung 7.1).

Bei den beiden Anwendungsfällen handelt es sich um die manuelle Montage von großen Bauteilen aus dem Maschinenbau. Der Fall 1 beschreibt dabei die Montage eines Windkraftgetriebes in einer Taktmontage. In dem vorliegenden Fall wurde die Montage von einer Standplatzmontage in eine Taktmontage umgestellt. Die Besonderheit an dem Beispiel ist, dass auf dieser Montagelinie nur wenige Varianten laufen, die darüber hinaus aus Sicht der Montageprozesse zu vernachlässigen sind. In dem Fall wird in der Arbeit also von einer Produktvariante ausgegangen. Auf der anderen Seite führt die Produktstruktur des Windkraftgetriebes dazu, dass eine einfache sequenzielle Montagelinie nicht möglich ist. Dies ist der Grund, warum dieser Fall sich als Validierung des Modells eignet. Er kann zeigen, dass das Modell auch bei komplexeren Montagestrukturen angewandt werden kann.

Die Fälle 2 und 3 beziehen sich auf die Montage von Mittelspannungsanlagen. Hier ist die Ausgangssituation genau umgekehrt wie beim ersten Fall. Die Montagestruktur ist sehr gut in einer Linie abzubilden. Die Herausforderung der Taktmontage liegt in der Produktvarianz mit sehr hohen Schwankungen in den Montageinhalten der einzelnen Produkte. In den beiden Fällen werden 14 Varianten betrachtet. Darüber hinaus werden im Fall 3 neben der Montage noch kontinuierliche Verbesserungsmaßnahmen in der Linie berücksichtigt. Es soll dabei der Einfluss von kleinen Verbesserungsmaßnahmen auf die dynamische Entwicklung der Montageleistung aufgezeigt werden. Dies ist ein wichtiger Punkt, um die Wirkungsweise des Modells zu verstehen.

Fall	Anzahl Produkte	Montage-struktur	Zusätzliche Eigenschaften
Fall 1	1 	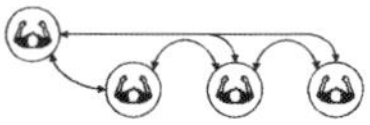	
Fall 2	14 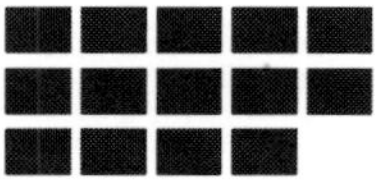		
Fall 3	14 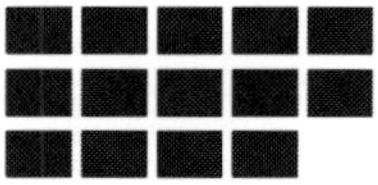		KVP an Station 2, 3, 4 

Abbildung 7.1: Übersicht der Fallbeispiele

7.2 Fall 1: ein Produkt, vier Stationen, komplexe Verknüpfung

Der Fall 1 beschreibt die Montage eines Windkraftgetriebes und bezieht sich auf ein Projekt, in dem die Montage von einer Standplatzmontage auf eine Taktmontage umgestellt wurde. Der Erfolg dieser Umstellung entsprach den in Kapitel 2.4 formulierten Leistungspotenzialen einer Taktmontage. Besonders vor dem Hintergrund, dass die Umstellung vollzogen wurde, ohne eine stabile Materialbereitstellungskette garantieren zu können, ist dabei bemerkenswert. In der Taktmontage führten Fehlteile und Terminverzögerungen in der Materialbereitstellung regelmäßig zu Umplanungen, langen Durchlaufzeiten und Problemen bei der Termintreue.

Dass eine Umstellung auf eine Taktmontage trotz dieser Randbedingungen möglich war und auch zu einer erheblichen Verbesserung der Produktivität und Zuverlässigkeit der Montage geführt hat, zeigt die starke Wirkung der Montagestruktur auf die organisatorischen Abläufe. Klassische Planungsansätze sehen eine stabile Lieferkette als Voraussetzung für die Umstellung von einer Standplatzmontage auf eine Taktmontage (siehe Kapitel 3.3). Der Ansatz dieser Arbeit soll genau dieses Prinzip umkehren und zeigen, dass die Montagestruktur selbst die Prozessqualität erzeugt.

Die Montage der Windkraftgetriebe besteht aus drei großen Baugruppen, die in vier Montagestationen zu einem Getriebe zusammengebaut werden (siehe Abbildung 7.2): einem großen und einem kleinen Planetenträger und einer Stirnradstufe. In der ersten Station werden die beiden Planetenträger montiert (Vormontage Planetenträger). In der zweiten Station wird die Stirnradstufe montiert (Vormontage Stirnradstufe). In der dritten Station wird der große Planetenträger mit der Stirnradstufe verbunden (Hauptmontage 1). In der vierten Station wird der kleine Planetenträger mit der großen Stirnradstufe zum kompletten Windkraftgetriebe verbunden (Hauptmontage 2).

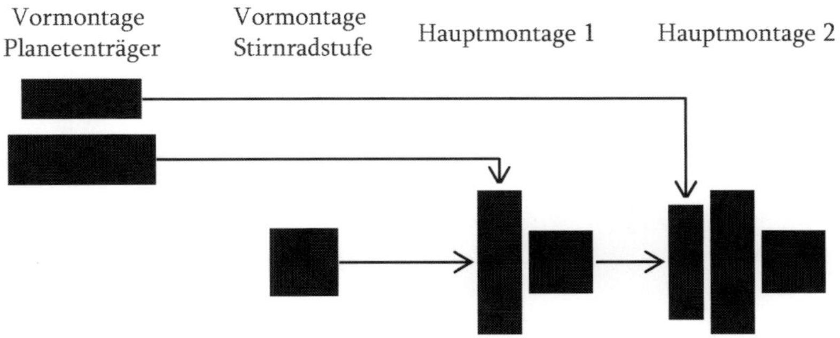

Abbildung 7.2: Darstellung der Montageaufgabe für Fall 1

Die Besonderheit der Montagestruktur liegt darin, dass die beiden Planetenträger aus einer Station und damit verbunden einem Takt in zwei unterschiedliche nachgelagerte Montagestationen fließen. Dies bedeutet, dass die beiden Planetenträger, die in einem Takt montiert werden, in zwei unterschiedlichen Getrieben verbaut werden. Darüber hinaus besteht bei der ersten Station, Vormontage Planetenträger, eine Interdepenz zu allen drei weiteren Stationen (siehe soziale Interdependenzstruktur in Abbildung 7.3). Die Interdependenz zu den beiden Hauptmontagen ist durch den direkten Materialfluss klar ersichtlich. Die Interdependenz zur Vormontage Stirnradstufe ist durch die Abhängigkeit beider Vorprodukte für die Hauptmontage 1 begründet.

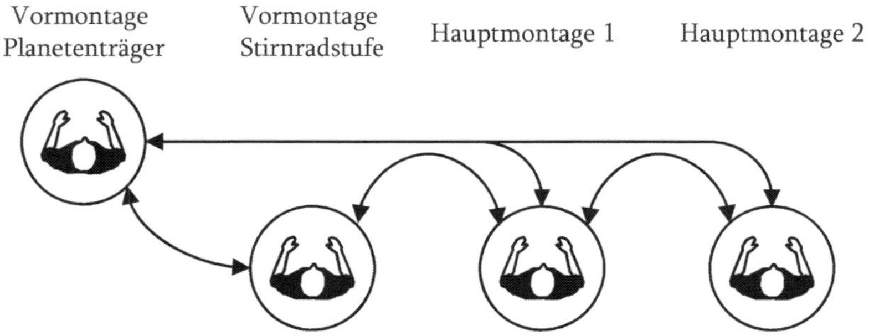

Abbildung 7.3: Soziale Interdependenzstruktur Fall 1

In der Montagelinie arbeiten vier Mitarbeiter, um das komplette Windkraftgetriebe zu montieren. Die Stationszeiten sind so verteilt, dass die Hauptmontage 1 den Engpass der Montagelinie darstellt (siehe Abbildung 7.4). Die Montagezeit entspricht mit 443 Minuten etwa einer Schicht.

Ein Aspekt, der in dieser Arbeit vernachlässigt wurde, ist die Nähe der Montagezeit zur Länge einer Arbeitsschicht, die sich aufgrund der Produktstruktur ergeben hat. Bei der Umsetzung des Projektes wurde diese Nähe als negativ beurteilt, da zu vermuten war, dass eine Verbesserung der Montagezeit immer gegen das nahe Schichtende konkurrieren muss und so kleine Verbesserungsmaßnahmen an Wirkung verlieren. Dieser Effekt hat sich in der Anlaufphase des Produktes auch bestätigt. Das ist insbesondere von Bedeutung vor dem Hintergrund, dass gerade im Maschinenbau, bedingt durch die Produktstruktur, Taktzeiten im Bereich einer Arbeitsschicht häufig anzutreffen sind.

Mitarbeiter	Vormontage Planetenträger	Vormontage Stirnradstufe	Hauptmontage 1	Hauptmontage 2
Mitarbeiter 1	425			
Mitarbeiter 2		442		
Mitarbeiter 3			464	
Mitarbeiter 4				440

Taktzeit

Abbildung 7.4: Montagezeiten der Mitarbeiter in Minuten (Fall 1)

Das Lösungsmodell dieser Arbeit zeigt, dass derartige Interdependenzen einen starken Einfluss auf die Montageleistung haben. Auch wenn sich das hier vorgestellte Modell im Kern um die soziale Interdependenz von Mitarbeitern in der Montage dreht, müssen externe Ankerpunkte wie Schichtzeiten im Hinterkopf behalten werden.

Die Ergebnisse der Simulation für den Fall 1 zeigen, dass sich schon nach wenigen Takten eine Verbesserung der Montageleistung in der Linie zeigt (siehe Abbildung 7.5).

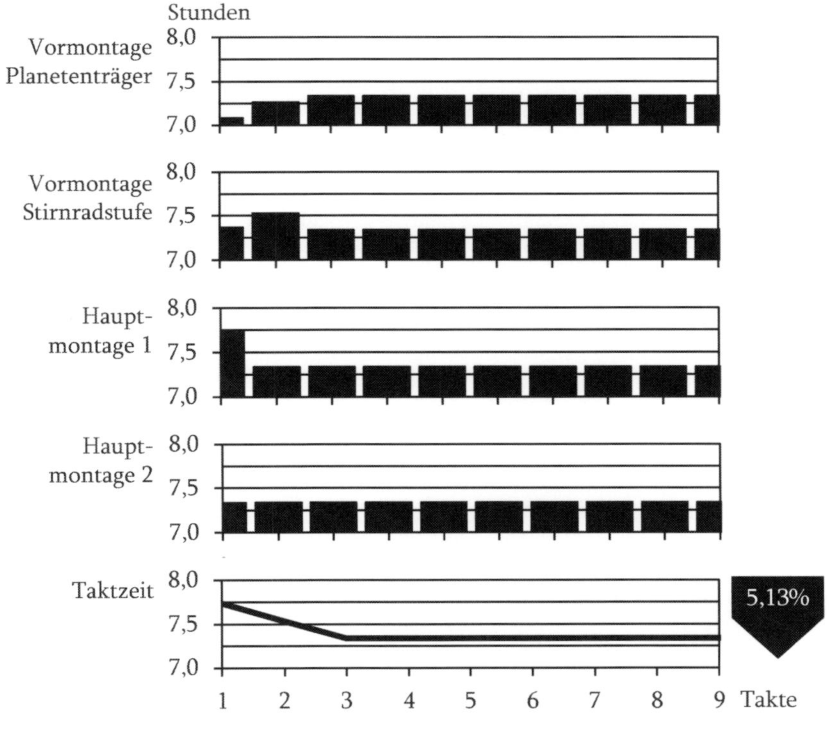

Abbildung 7.5: Ergebnisse Fall 1

Insbesondere die Engpassstation (Hauptmontage 1) zeigt eine direkte Reaktion auf die kürzeren Reaktionszeiten der benachbarten Stationen. Spannend ist das Überschwingen der Vormontage Stirnradstufe, die aufgrund der hohen Montagezeit der

Hauptmontage 1 mit einer längeren Taktzeit reagiert und damit kurzzeitig zum Engpass wird. Die Hauptmontage 2 vollzieht dagegen kaum Leistungsveränderungen. Über alle Stationen hinweg beträgt die Steigerung der Produktivität der Gesamtlinie 5,1% gegenüber einer statischen Betrachtung.

7.3 Fall 2: n Produkte, fünf Stationen, einfache Linie

Der Fall 2 beschreibt die Montage von Mittelspannungsschaltanlagen. Das Projekt befasste sich in diesem Fall nicht mit der Umstellung von der Standplatzmontage in eine Taktmontage sondern mit der Ausgestaltung einer Taktmontage für eine neue Produktfamilie. Wie beim Windkraftgetriebe bestanden also keine Erfahrungen über das Leistungspotenzial einer Taktmontage. Die besondere Herausforderung bei der Austaktung der Linie liegt in Fall zwei in der hohen Varianz der Arbeitsinhalte zwischen den einzelnen Produktvarianten. Dies ist typisch für Aufgabenstellungen im Maschinenbau.

Der Montageablauf an sich kann schematisch sehr einfach dargestellt werden (siehe Abbildung 7.6). Die Montage besteht aus fünf Stationen, die in einer einfachen Linie miteinander über ein Transportsystem verbunden sind. Der Arbeitsinhalt der Montage besteht im Wesentlichen aus dem Ausbau der Schaltanlagen mit Baugruppen und einzelnen Anbauteilen.

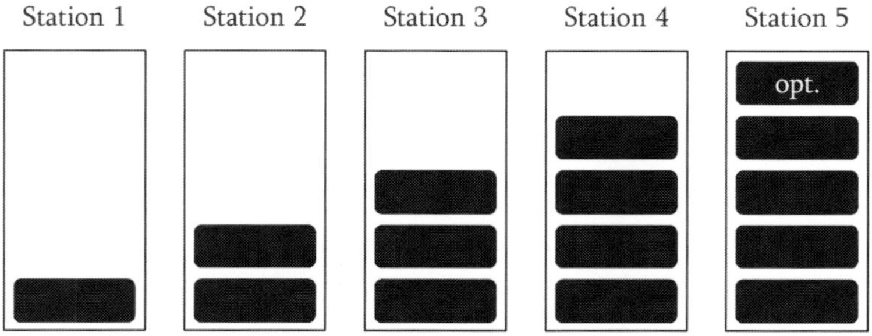

Abbildung 7.6: Darstellung der Montageaufgabe Fall 2

Die Station 5 beinhaltet optionale Arbeitsgänge. Das heißt, nicht jede Produktvariante benötigt diese optionalen Arbeitsgänge in der Montage. Je nach Reihenfolge der Produkte in der Linie ist die fünfte Station demnach belegt oder frei. Auch dies ist typisch für den Maschinenbau.

Die Montageinhalte in den Arbeitsstationen werden jeweils von einem Mitarbeiter durchgeführt. Die soziale Interdependenzstruktur der Montage ist demnach auch sehr einfach (siehe Abbildung 7.7). Die einzelnen Mitarbeiter sind, wie die Stationen, hintereinander in Reihe interdependent.

Abbildung 7.7: **Soziale Interdependenzstruktur Fall 2**

Das Produktspektrum besteht aus 14 Produkten (siehe Abbildung 7.8). Die Produktstruktur der Produkte ist sehr modular aufgebaut und kann vereinfacht mit drei Grundmodulen N, K und F beschrieben werden. Diese drei Grundmodule können in unterschiedlichen Kombinationen zu einem Produkt kombiniert werden.

Produkt	Stückzahl	in %	Station 1	Station 2	Station 3	Station 4	Station 5
NNK	800	47,8%	349	289	322	349	174
NNN	329	19,6%	349	289	363	327	0
NN	129	7,7%	242	209	269	245	0
NNF	129	7,7%	261	374	350	455	0
KK	77	4,6%	242	209	188	232	348
NKN	51	3,1%	349	289	322	368	174
KKK	39	2,3%	349	289	200	339	522
NF	26	1,5%	242	295	257	339	0
NK	19	1,2%	242	209	229	242	174
KN	19	1,2%	242	209	229	238	174
NNNF	19	1,2%	455	454	443	559	0
FF	13	0,8%	242	380	244	428	0
NFN	13	0,8%	261	374	350	437	0
FFF	13	0,8%	349	545	325	581	0

Taktzeit

Abbildung 7.8: Montagezeiten der Mitarbeiter in Sekunden (Fall 2)

So kann zum Beispiel das Modul N in einem Produkt zweimal vorkommen und in einem anderen dreimal. Dies erklärt die großen Unterschiede im Montageinhalt der unterschiedlichen Produktvarianten (siehe Abbildung 7.9). Darüber hinaus sind die Arbeitsinhalte auch zwischen den Produkten nicht gleichmäßig über die fünf Stationen verteilt. Ein Produkt kann in Station 2 die größte Montagezeit haben und ein anderes in Station 4. Über alle Produkte hinweg ergibt sich im Mittel eine Engpasssituation in Station 4.

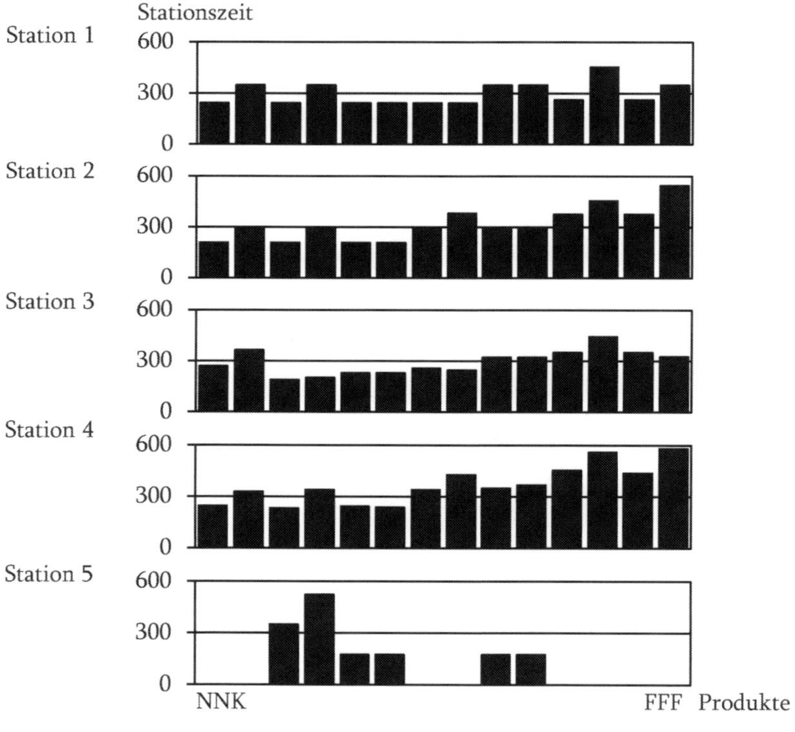

Abbildung 7.9: Verteilung der Stationszeiten über das Produktspektrum

Im Gegensatz zum Windkraftgetriebe ist durch die Produktvarianz das Verhalten der Leistungsentwicklung der Montagelinie nicht mehr so einfach über eine Betrachtung der Einzelstationen möglich. Deswegen wurde die Auswertung der Simulation in Fall 2 verdichtet (siehe Abbildung 7.10). Dargestellt ist die Differenz des Linientaktes zwischen einer statischen Betrachtung und der dynamischen Leistungsentwicklung des Modells. Der Linientakt ist die Montagezeit der jeweiligen Engpassstation zu einem bestimmten Takt. Durch die Varianz der Montagezeiten und die Sequenz der Produkte kann der Engpass von Takt zu Takt in einer anderen Station liegen. Dementsprechend zeigt das Ergebnis auch keine einfache stetige Leistungsentwicklung, sondern eine sehr volatile Entwicklung. Die Leistungsverbesserung der Linie schwankt zwischen nahe 0% und fast 15%. Im Schnitt ergibt sich eine Leistungssteigerung von 8,9% bezogen auf einen Mittelwert der Takte 300 bis 600. Der Mittelwert ist erst für die letzten 300 Takte gebildet worden, um den Einfluss der Lernkurve möglichst nicht zu betrachten.

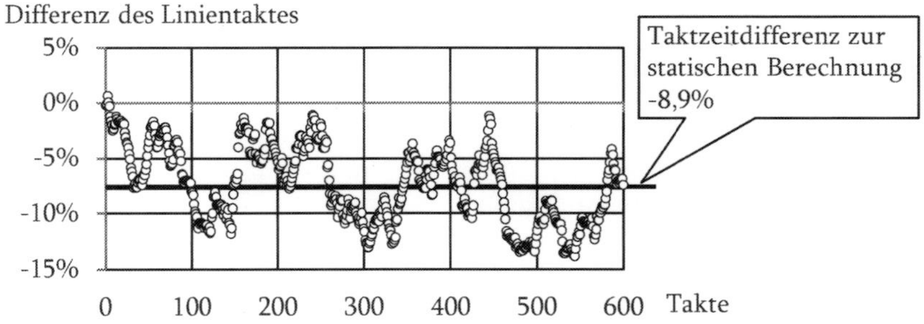

Abbildung 7.10: Ergebnisse Fall 2 im Vergleich zur statischen Simulation

7.4 Fall 3: wie Fall 2, mit KVP-Maßnahmen

Der Fall 3 baut auf Fall 2 auf. Es wird der Einfluss von kontinuierlichen Verbesserungsprozessen in einzelnen Stationen untersucht. Der Hintergrund dieser Untersuchung ist, dass kontinuierliche Verbesserungsprozesse in der Montage zum festen Bestandteil der Montageorganisation gehören. Basierend auf den Prinzipien des Lean Production[266] kann eine Montage durch kleine Verbesserungsprojekte, die sich auf einzelne Prozesse oder Montagestationen beziehen, kontinuierlich weiterentwickelt werden. Dieser Prozess wird als Kontinuierlicher Verbesserungsprozess (KVP), aber auch als Kaizen bezeichnet.

Gerade nach einer Umstellung auf eine Taktmontage oder der Reorganisation eines Montagebereiches sind an vielen Stellen, nach den ersten Erfahrungen im Betrieb der

[266] Vgl. Kapitel 3.4

Montage, Verbesserungspotenziale zu erzielen. Da in einer statischen Betrachtung die Leistung der Montage aber einzig von der Engpassstation abhängt, führen in der Theorie auch nur Verbesserungen dieser Station zu einer Leistungssteigerung der gesamten Montagelinie.

Vor diesem Hintergrund soll in Fall 3 auch der Einfluss von Verbesserungen in benachbarten Stationen untersucht und herausgestellt werden, in wieweit sie die Montageleistung der Gesamtlinie verbessern können. Dazu wird im ersten Schritt für die Station 3 eine hypothetische Verbesserung der Montagezeit über alle Produkte von 20% angenommen (siehe Abbildung 7.11). Die Station 3 liegt direkt neben der Engpassstation 4.

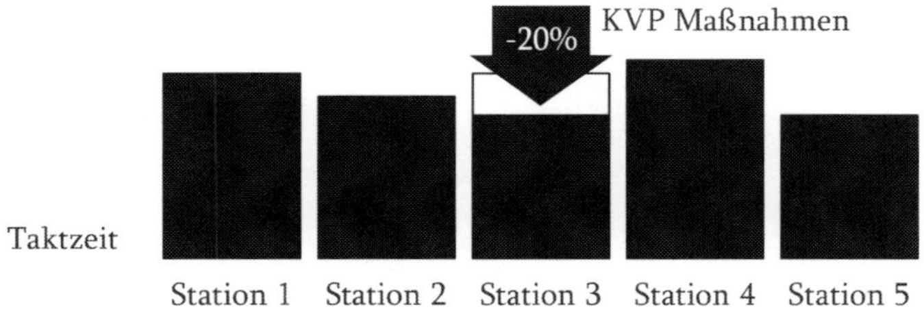

Abbildung 7.11: Anpassung der Taktzeit an Station 3 in Takt 300 durch KVP[267]

Um den Effekt der Verbesserungsmaßnahme besser beobachten zu können, wurde die Verbesserung erst nach dem Takt 300 in das Montagesystem induziert. Oder anders formuliert: Nach dem 300sten Produkt konnte durch eine Verbesserungsmaßnahme die Stationszeit der Station 3 um 20% reduziert werden.

Aus der Betrachtung ohne Verbesserungsmaßnahme ist bekannt, dass nach dem 300sten Takt keine Lerneffekte mehr zu erwarten sind. Damit ist die Überlagerung von Effekten weitgehend auszuschließen.

Die Ergebnisse der Simulation zeigen deutlich einen Effekt auf die Gesamtleistung des Montagesystems (siehe Abbildung 7.12). Die Differenz der Montageleistung zu einer statischen Betrachtung beträgt 11,7%, also 2,8% mehr als ohne KVP Maßnahme.

[267] KVP: Kontinuierlicher Verbesserungsprozess

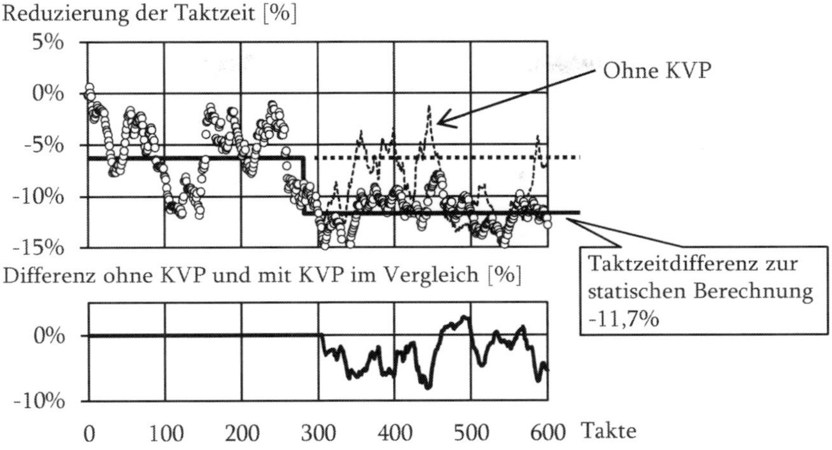

Abbildung 7.12: Ergebnisse Fall 4 im Vergleich zur statischen Simulation

Zum besseren Verständnis des Zusammenwirkens zwischen Verbesserungsprozessen in der Montagelinie und des sozialen Interdependenzmodells der Montage wurden neben der Station 3 auch die Station 2 und die Engpassstation 4 betrachtet (siehe Abbildung 7.13). In den drei Stationen wurden jeweils Szenarien simuliert, bei denen Verbesserungen der Stationszeiten von 5%, 10%, 15% und 20% erreicht wurden.

Das Verhalten der Station 3 zeigt bei den Simulationen einen fast linearen Verlauf der Leistungssteigerung, was auch in der Form zu erwarten war. Interessanter ist die Betrachtung der Engpassstation 4. Hier ist die Leistungssteigerung bei 20% zwar höher als in den Stationen 2 und 3. Durch den Einfluss der benachbarten Stationen wird aber bei weitem nicht das Potenzial der Verbesserungsmaßnahme von 20% in der Gesamtleistung der Linie erreicht, obwohl es sich um die Engpassstation handelt.

Darüber hinaus sinkt die Leistungssteigerung bei geringeren KVP Potenzialen sogar unter das Niveau von Station 3 bei gleichen KVP Potenzialen, was darauf schließen lässt, dass eine andere Station die taktgebende Rolle übernommen hat.

Noch spannender ist das Verhalten des Montagesystems bei der Umsetzung von KVP Maßnahmen in Station 2. Hier ergibt sich sogar ein Maximum bei einem KVP Potenzial von 15%. Bei 20% sinkt die Verbesserung der Montageleistung wieder leicht ab. Dieses Verhalten kann so interpretiert werden, dass die Differenz der Montagezeiten zwischen Station 2 und den benachbarten Stationen 1 und 3 durch die KVP Maßnahme so groß geworden ist, dass der Einfluss der sozialen Interdependenz wieder abnimmt.

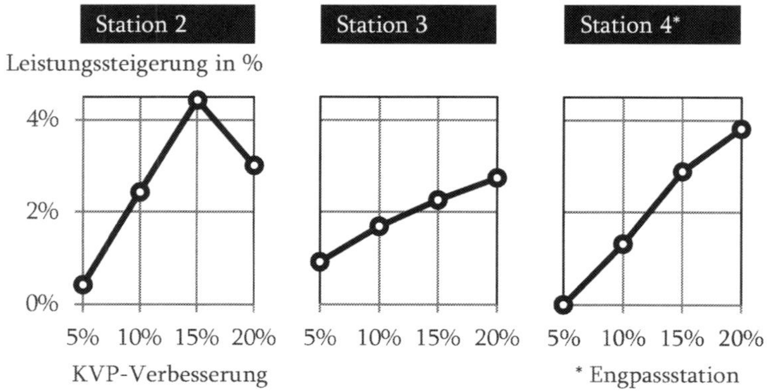

Abbildung 7.13: Vergleich KVP Erfolge an unterschiedlichen Stationen

Die Simulationen zeigen, dass KVP Maßnahmen auch an Stationen, die kein Engpass sind, einen Einfluss auf die Gesamtleistung der Linie haben können. Auf der anderen Seite zeigen die Simulationen auch, dass die Leistungssteigerung der Gesamtlinie deutlich unterhalb des Potenzials der einzelnen KVP Maßnahme liegt.

7.5 Zusammenfassung der Ergebnisse

Die drei betrachteten Anwendungsfälle haben einen Überblick über die Wirkungsweise und die Aussagekraft des Lösungsmodells dieser Arbeit gegeben. Im Folgenden sollen nun die einzelnen Ergebnisse der Simulationen noch einmal zusammengefasst und auf ihren Erkenntniswert hin beurteilt werden.

Bei der Gegenüberstellung der Ergebnisse ist zu sehen, dass eine hohe Produktvarianz unter Berücksichtigung von sozialen Interdependenzstrukturen sogar zu einer Leistungssteigerung gegenüber einer Montagelinie mit einem Produkt führen kann (siehe Abbildung 7.14). Daraus folgt folgende Erkenntnis:

Eine höhere Komplexität im Produktspektrum kann über die soziale Interdependenz einen positiven Einfluss auf die Leistungsentwicklung des Montagesystems haben.

Im nächsten Schritt wurde der Einfluss von kontinuierlichen Verbesserungsmaßnahemen auf das Modell untersucht. Die Simulationen zeigen, dass durch KVP Maßnahmen auch an Stationen, die keinen Engpass für das Gesamtsystem darstellen, eine Leistungssteigerung der gesamten Montage erreicht werden kann.

Unterscheidung	nein	ja
Varianz im Produktspektrum (j/n)	5,1% Fall 1	8,9% Fall 2
20% KVP an Engpassstation (j/n)	8,9% Fall 2	12,7% Fall 3
20% KVP an Nichtengpassstation (j/n)	8,9% Fall 2	11,7% Fall 3

Abbildung 7.14: Zusammenfassung der Ergebnisse

Dies stärkt die Rolle, die kontinuierliche Verbesserungsmaßnahmen für die Leistungsentwicklung von manuellen Montagesystemen haben, da auch Aktivitäten, die nicht am Engpass durchgeführt werden, zu einer Verbesserung der Gesamtleistung führen können.

Um diesen Effekt zu erklären, ist vielleicht die Vorstellung einer Gleichgewichtssituation beim Tauziehen oder die innere Spannung eines schnell abgekühlten Stahls ein hilfreiches Analogiebild (siehe Abbildung 7.15). Die Analogiesysteme befinden sich äußerlich in einer ruhigen Situation, sobald sich jedoch die äußeren Randbedingungen nur etwas ändern, vollzieht das System auf einmal eine überproportionale Veränderung.

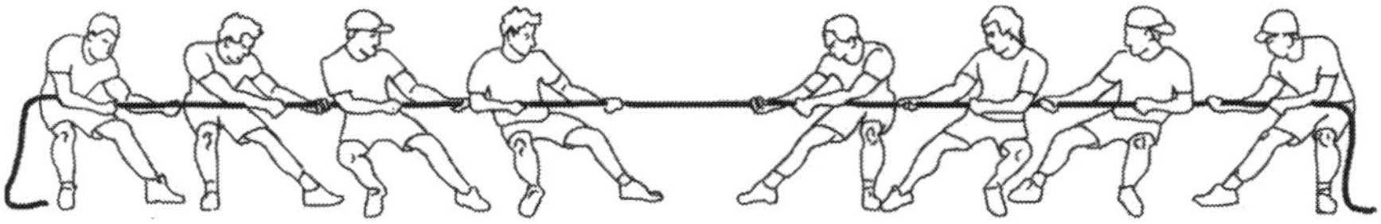

Abbildung 7.15: Innere Spannung im System[268]

Damit liegt die Hauptwirkung des Modells nicht in der direkten Leistungssteigerung der Montage, sondern in der inneren Spannung, die in dem Montagesystem durch die sozialen Interdependenzen entsteht:

268 Eigene Darstellung in Anlehnung an eine Grafik von Bastian Groscurth

Die soziale Interdependenzstruktur erzeugt eine innere Systemspannung, die im Zusammenspiel mit Verbesserungsmaßnahmen in der Montagelinie eine Hebelwirkung zur Leistungssteigerung erzeugt.

Darüber hinaus können durch die aufgezeigte Wirkungsweise des Lösungsmodells auch Rückschlüsse auf die Verbesserung der Leistungsentwicklung von Standplatzmontagen gezogen werden.

Die Grundannahme des Modells ist, dass soziale Interdependenz in Form von gegenseitiger Abhängigkeit der Prozesse (Task Interdependence) erstens und der gegenseitigen Sichtbarkeit der Aufgaben (Task Visibility) zweitens einen Einfluss auf die Leistungsfähigkeit des Montagesystems haben.

Wie können diese beiden Prinzipien in der Standplatzmontage verbessert werden? Die Abhängigkeit der Prozesse entlang des Montageprozesses zu stärken ist in der Standplatzmontage nur schwer möglich. Es kann jedoch die gegenseitige Abhängigkeit zwischen Montage und Bereitstellungslogistik deutlich gesteigert werden, wenn die Kommissionierumfänge reduziert werden. Das heißt, wenn nur noch Material mit einer Reichweite von einem halben bis einem Tag im Montagebereich zur Verfügung steht. Dies hätte auf der anderen Seite den positiven Effekt, eine stärkere Erwartung in Bezug auf die Prozesszuverlässigkeit in den Bereitstellungsprozessen zu erzeugen.

Die Sichtbarkeit der Montageprozesse kann zum Beispiel durch eine Clusterung von zwei bis drei benachbarten Montagestationen zu einem Montageteam unterstützt werden. Damit würde auch die gegenseitige Abhängigkeit der Montageprozesse steigen, da sich zum Beispiel Elektriker und Monteure gegenseitig abstimmen müssten. Der Effekt kann jedoch nicht so stark sein wie in der Taktmontage, da er nicht durch eine physische Struktur unterstützt wird, sondern im Abstrakten bleibt.

Dies sind zwei Ansatzpunkte, die zeigen sollen, dass das in dieser Arbeit entwickelte Theoriemodell auch über den aufgezeigten Anwendungsfall hinaus Erklärungsansätze und Lösungsideen für die Optimierung der Leistungsentwicklung von Produktionssystemen liefern kann.

8 Zusammenfassung, kritische Reflexion und Ausblick

Im letzten Kapitel der Arbeit werden eine kurze Zusammenfassung der einzelnen Kapitel, eine kritische Reflexion der Ergebnisse der Arbeit und ein Ausblick den Abschluss bilden.

Die Analyse der Problemstellung in Kapitel 2 hat gezeigt, dass bestehende Theoriemodelle die Leistungsentwicklung bei der Überführung von Montagestrukturen aus der Standplatzmontage in eine Taktmontage nicht erklären, bzw. realitätsnah simulieren können. In der Praxis haben sich durch Trial-and-Error Montagestrukturen herauskristallisiert, die aus dem Montagesystem ein Lernsystem entwickeln, um so kontinuierliche Verbesserungen auch über die ursprüngliche Planung hinaus zu ermöglichen. Eine systematische Entscheidungsunterstützung, die einerseits die Wirkmechanismen erklärt und eine quantifizierbare Bewertung ermöglicht, fehlte insbesondere vor dem Hintergrund der manuellen Montage im Maschinenbau.

Bestehende Ansätze zur Montageplanung (Kapitel 3) sehen die Betrachtung manueller Montagesysteme als soziotechnische Systeme zwar als relevant an, quantitative Modelle zur Vorhersage der Leistungsentwicklung basieren jedoch zumeist auf dem Modell der Lern- und Erfahrungskurven. Der Einfluss der inneren Spannung im Montagesystem, also den Wechselwirkungen zwischen den Mitarbeitern in Abhängigkeit von den Montagestrukturen, bleibt weitgehend unberücksichtigt.

Die Kernidee dieser Arbeit besteht darin, dass die Unterschiede zwischen der Leistungsentwicklung einer Standplatzmontage und einer Taktmontage auf die Sozialen Interdependenzstrukturen zurückzuführen sind.

Aufbauend auf acht zentralen Lösungskonzepten aus Systemtheorie und Konstruktivismus, Motivationsforschung, Leistungs- und Produktivitätsforschung sowie aus den Lern- und Erfahrungskurven (Kapitel 4) wurde in Kapitel 5 ein Theoriemodell entwickelt.

Die direkte Abhängigkeit und Verkettung der Montageaufgaben in der Taktmontage (Task Interdependence) kombiniert mit der besseren Sichtbarkeit des Arbeitsfortschritts (Task Visibility) erzeugen eine inneren Spannung, die die Montagezeit der einzelnen Mitarbeiter beeinflusst. Diese Spannung führt zu einem Kräftegleichgewicht aus Erwartungs-Erwartung an die Leistung der Mitarbeiter im Montagesystem auf der einen Seite und der Elastizität der Montagezeit auf der anderen Seite. Das mathematische Modell aus Kapitel 6 wurde mittels Simulation anhand von drei Beispielen in Kapitel 7 verprobt.

Die Arbeit konnte zeigen, dass der Einfluss von sozialen Interdependenzstrukturen, die auf bestehenden und validierten Theoriemodellen aus dem Bereich der Systemtheorie und Psychologie basieren, zu einem Modell verdichtet werden können. Dieses Modell ermöglicht in Zusammenhang mit einer ereignisdiskreten Simulation die Vorhersage der Leistungsentwicklung von manuellen Montagesystemen. Die Simulationsergebnisse, die in der Arbeit in Kapitel 7 dargestellt wurden, ermöglichen damit die Schließung des Theoriedefizits, das aus der Problemstellung von Kapitel 2 hervorgeht.

Die kleinen Kräfte in der Natur erzeugen oft große Wirkungen: als Bespiel die Gravitation, die um den Faktor 10^{36} kleiner ist als z.B. der Magnetismus, aber verantwortlich ist für die Bildung der Galaxien und Planeten.[269] Ähnliches gilt für die Evolution, die nur aufgrund der sehr geringen Mutationsrate von 1 Fehler bei 10^9 Kopien der DNA[270] funktionieren kann. So haben auch die Kräfte der sozialen Interdependenzen, die in dieser Arbeit beschrieben wurden, allein nur eine relativ geringe Wirkung. Die eigentliche Wirkung wird erst im Zusammenhang mit weiteren kleinen Verbesserungen deutlich, für die sich durch die innere Spannung im Montagesystem ein Hebel zur Leistungssteigerung ergibt (siehe Kapitel 7).

Die Leistungsgrenzen des entwickelten Theoriemodells liegen in der steigenden Modellierungskomplexität für die Simulation bei sehr vernetzten Montagestrukturen. Ein Beispiel hierfür sind zum Beispiel Springer in der Montagelinie, die in den jeweiligen Montagestationen nur einzelne Arbeitsinhalte übernehmen. Sollen derartige Strukturen abgebildet werden, muss neben der höheren Vernetzung auch der Detaillierungsgrad der Montageabläufe gegenüber dem einer heutigen Montageplanung deutlich erhöht werden.

---

[269] Wikipedia (Fundamental interaction) Stand: 17.01.2014

[270] Alberts, B./Johnson, A./Lewis, J. et al. (DNA Replication Mechanisms) 2002

Einige Beispiele aus der Praxis (Kapitel 2) haben höhere Leistungssteigerungen gezeigt, als die Simulationen in Kapitel 7 als Ergebnis vorweisen konnten. Dies lässt den Schluss zu, dass neben den sozialen Interdependenzstrukturen noch weitere Elemente zu einer vollständigen Beschreibung des sozio-technischen Montagesystems fehlen. Dies können Modelle sein, die stärker auf die individuelle Situation und Motivation der Mitarbeiter eingehen. Hierzu gibt es zum Beispiel Ansätze bei Unternehmen, die aufgrund der höheren Identifikation der Mitarbeiter mit dem Produkt auf eine Arbeitsteilung im Montagesystem verzichtet haben und dadurch zu einer höheren Montageleistung gelangt sind. In dieser Arbeit wurde bewusst auf eine persönliche und individuelle Betrachtung verzichtet und der Fokus auf die System- und Struktureinflüsse des Montagesystems gelegt.

Die vorliegende Arbeit ist als theoretische Arbeit aufgebaut. Das Lösungsmodell ist ein Theoriemodell, das die Aussagekraft von Simulationen manueller Montagesysteme verbessert. Als Ausblick können, über die Anwendung der Ergebnisse dieser Arbeit hinaus, folgende Ansätze für weitergehende Forschungsarbeiten abgeleitet werden:

Ein nächster logischer Schritt wäre die Validierung des Modells in einem experimentellen Umfeld, wie es in der Demonstrationsfabrik des Campus Clusters Logistik in Aachen in kurzer Zeit zur Verfügung steht. Dadurch ergibt sich die Möglichkeit, das Zusammenspiel zwischen theoretischer Produktionssystematik und experimenteller Produktionssystematik in ähnlicher Weise, wie dies in der Physik zwischen Experimentalphysik und theoretischer Physik der Fall ist, aufzubauen.

Weiter können die Ansätze, die in der Zusammenfassung von Kapitel 7 für die Übertragung auf die Standplatzmontage aufgezeigt wurden, weiter vertieft werden. In gleicher Weise kann das Theoriemodell auch auf den Kontext der Fertigung, zum Beispiel einer Werkstattfertigung im Vergleich zu einer Inselfertigung oder Linienfertigung, Anwendung finden. Auch eine Übertragung auf Geschäftsprozesse, wie einen Auftragsabwicklungsprozess, ist in diesem Zusammenhang denkbar.

Dementsprechend möchte ich mich abschließend den Worten von Ingvar Kamprad aus seinem Testament von Ikea anschließen (siehe Abbildung 8.1):

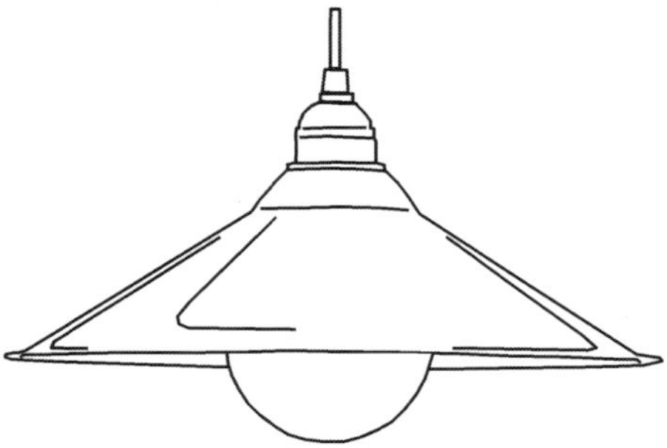

„Das meiste ist noch nicht getan – wunderbare Zukunft"

Abbildung 8.1: Ausblick[271]

[271] Zitat aus Kamprad, I. (Das Testament eines Möbelhändlers) 2007

9 Literaturverzeichnis

Abele, E. (Montagestudie) 1984: Einsatzmöglichkeiten von flexibel automatisierten Montagesystemen in der industriellen Produktion: Montagestudie, VDI-Verlag, Düsseldorf, 1984.

Adami, W. et al. (Montage braucht Erfahrung) 2008: Montage braucht Erfahrung, Rainer Hampp, München, 2008.

Alberts, B./Johnson, A./Lewis, J. et al. (DNA Replication Mechanisms) 2002: DNA Replication Mechanisms, In: Alberts, B./Johnson, A./Lewis, J. et al.: Molecular Biology of the Cell, 4. Aufl., Garland Science, New York, 2002, URL: http://www.ncbi.nlm.nih.gov/books/NBK26850/, Stand: 17.01.2014

Andress, F. J. (The learning curve as a production tool) 1954: The learning curve as a production tool, In: Harvard Business Review, 1954 , 32. Jg., Nr. 1, S. 87-97.

Arrow, K. J. (The Economic Implications of Learning by Doing) 1962: The Economic Implications of Learning by Doing, In: The Review of Economic Studies, 1962, 29. Jg., Nr. 3, S. 155-173.

Ashby, W. R. (An Introduction to Cybernetics) 1957: An Introduction to Cybernetics, Chapman and Hall, London, 1957.

Ashby, W. R. (Design for a Brain) 1978: Design for a Brain: The origin of adaptive behaviour, Chapman and Hall, London, 1978.

Baecker, D. (Schlüsselwerke der Systemtheorie) 2005: Schlüsselwerke der Systemtheorie, 1. Aufl., vs Verlag für Sozialwissenschaften, Wiesbaden, 2005.

Beer, S. (Kybernetische Führungslehre) 1973: Kybernetische Führungslehre, Herder & Herder, Frankfurt/New York, 1973.

Benyus, J. (Janine Benyus spricht über Design aus der Natur) 2005: Janine Benyus spricht über Design aus der Natur, TED Beitrag, URL:

http://www.ted.com/talks/janine_benyus_shares_nature_s_designs.html, Stand: 04.07.2013

Blum, W./Dürr, H.-P./Heisenberg, W. (Physik und Erkenntnis 1956 - 1968) 1984: Physik und Erkenntnis 1956 - 1968, In: Blum, W./Dürr, H.-P./Heisenberg, W. (Hrsg.): Gesammelte Werke/ Collected Works, Piper, München [u.a.],1984.

Bodek, N. (Pioneers of Lean Manufacturing) 2004: Pioneers of Lean Manufacturing - Taiichi Ohno & Shigeo Shingo, Strategos Inc., Kansas City, 2004.

Böhrs, H./Bramesfeld, E./Euler, H. (Arbeits- und Zeitstudium) 1948: Einführung in das Arbeits- und Zeitstudium, In: Böhrs, H./Bramesfeld, E./Euler, H. (Hrsg.): Grundlagen und Praxis des Arbeits- und Zeitstudiums, Bd.1, Carl Hanser, München, 1948.

Bokranz, R./Landau, K. (Produktivitätsmanagement von Arbeitssystemen) 2006: Produktivitätsmanagement von Arbeitssystemen - MTM-Handbuch, Schäffer-Poeschel, Stuttgart, 2006.

Brankamp, K. (Handbuch der modernen Fertigung und Montage) 1975: Handbuch der modernen Fertigung und Montage, Moderne Industrie, München, 1975.

Breit, C. (Lern- und Erfahrungseffekte in der Produktionstheorie) 1985: Lern- und Erfahrungseffekte in der Produktionstheorie, GBI-Verlag, München, 1985.

Bretzke, W.-R. (Logistische Netzwerke) 2008: Logistische Netzwerke, 2. Aufl., Springer, Heidelberg [u.a.], 2008.

Bretzke, W.-R./Barkawi, K. (Nachhaltige Logistik) 2010: Nachhaltige Logistik - Antworten auf eine globale Herausforderung, Springer, Berlin [u.a.], 2010.

Brown, S. L./Eisenhardt, K. M. (Competing on the edge) 1998: Competing on the edge: strategy as structured chaos, Harvard Business School Press, Boston, 1998.

Bruce, K./ Nyland, C. (Deification of Human Relation) 2011: Deification of Human Relation, In: Organization Studies, 2011, 32. Jg., Nr. 3, S. 383-405.

Bullinger, H. J. (Arbeitsgestaltung) 1995: Arbeitsgestaltung: Personalorientierte Gestaltung marktgerechter Arbeitssysteme, Teubner, Stuttgart, 1995.

Bullinger, H. J. (Integrative Gestaltung kooperativer Montagesysteme) 1995: Integrative Gestaltung kooperativer Montagesysteme: IAO Montageforum '95, Springer, Belrin [u.a.], 1995.

Bullinger, H. J. (Materialbereitstellung in der Montage) 1994: Planung der Materialbereitstellung in der Montage, Teubner, Stuttgart, 1994.

Bullinger, H. J. (Planung entkoppelter Montagesysteme) 1993: Planung entkoppelter Montagesysteme: Puffer in der Montage, Teubner, Stuttgart, 1993.

Bullinger, H. J. (Systematische Montageplanung) 1984: Systematische Montageplanung: Handbuch für die Praxis, Carl-Hanser, München [u.a.], 1986.

Bullinger, H. J./Lung, M. (Planung der Materialbereitstellung in der Montage) 1994: Planung der Materialbereitstellung in der Montage, Teubner, Stuttgart, 1994.

Bundesagentur für Arbeit (Amtliche Nachrichten der Bundesagentur für Arbeit) 2008: Amtliche Nachrichten der Bundesagentur für Arbeit: Arbeitsmarkt 2007, Bundesagentur für Arbeit, Nürnberg, 2008.

Butala, P./Kleine, J. et al. (Marktorientierte flexible Montageprozesse) 2001: Marktorientierte flexible Montageprozesse: Ergebnisse eines internationalen Projekts, GfAH-Verlag, Dortmung, 2001.

Capacho, L/Pastor, R (The Alternative Subgraphs Assembly Line Balancing Problem) 2005: ASALBP: The Alternative Subgraphs Assembly Line Balancing Problem, Technical University of Catalonia, Barcelona, 2005.

Colsman, R. (Strategisches und taktisches Logistikmonitoring) 2003: Strategisches und taktisches Logistikmonitoring der prozesskettenorientierten Produktion, Dissertation Universität Hannover, 2003.

de Greiff, M. (Lernkurven in der manuellen Montage) 2001: Die Prognose von Lernkurven in der manuellen Montage unter besonderer Berücksichtigung der Lernkurven von Grundbewegungen, VDI-Verlag, Düsseldorf, 2001.

Doerr, K. et al. (Heterogeneity and variability in the context of flow lines) 2002: Heterogeneity and variability in the context of flow lines, In: Academy of Management Review, 2002, 27. Jg., Nr. 4, S. 594-607.

Düker, H. (Arbeit am laufenden Band) 1929: Psychologische Untersuchungen über die Arbeit am laufenden Band, In: Industrielle Psychotechnik, 1929, 6. Jg., Nr. 7, S. 214-224.

Dutton, J. M./Thomas, A./Butler, J. E. (The History of Progress Functions as a Managerial Technology) 1984: The History of Progress Functions as a Managerial Technology, In: The Business History Review, 1984, 58. Jg., Nr. 2, S. 204-233.

Ebbinghaus, H. (Über das Gedächtnis) 1985: Über das Gedächtnis: Untersuchungen zur experimentellen Psychologie, unveränd. und ungekürzte Aufl., Wissenschaftliche Buchgesellschaft, Darmstadt, 1985.

Esser, H. (Integration von Produktionssystemen und Montageplanung und -steuerung) 1996: Integration von Produktionssystemen und Montageplanung und -steuerung, Shaker, Aachen, 1996.

Euler, H. (Grundbegriffe des Arbeits- und Zeitstudiums) 1948: Die betriebswirtschaftlichen Grundlagen und die Grundbegriffe des Arbeits- und Zeitstudiums, Carl-Hanser, München, 1948.

Feynman, R. P./Leighton, R. B. et al. (Vorlesungen über Physik): Feynman-Vorlesungen über Physik: Band II: Elektromagnetismus und Struktur der Materie, In: Feynman, R. P./Leighton, R. B. et al. (Hrsg.): Feynman-Vorlesungen über Physik: Definitive Edition. 4 Bände, Oldenbourg Wissenschaftsverlag, München, 2009.

Feynman, R. P./Robbins, J. (The Pleasure of Finding Things Out) 2001: The Pleasure of Finding Things Out: The Best Short Works of Richard P. Feynman, Penguin Books, London [u.a.], 2001.

Fischer, E. P. (Paarläufe der Wissenschaft) 2006: Paarläufe der Wissenschaft, Hörbuch, 1. Auflage, supposé, 2006.

Giannantonio, C. M. (The Principles of Scientific Management) 2011: Frederick Winslow Taylor: Reflections on the Relevance of The Principles of Scientific Management 100 Years Later, In: Journal of Business and Management, 2011, 17. Jg., Nr. 1, S. 7-10.

Gilbreth, F. B. (Applied Motion Study) 1917: Applied Motion Study, Sturgis & Walton Company, New York, 1917.

Gilbreth, F. B. (Bricklaying System) 1909: Bricklaying System, The Myron C. Clark Publishing Co., New York [u.a.], 1909.

Gilbreth, F. B. (Fatigue Study) 1916: Fatigue Study, Sturgis & Walton Company, New York, 1916.

Gilbreth, F. B. (Field System) 1908: Field System, The Myron C. Clark Publishing Co., New York, 1908.

Gilbreth, F. B. (Measurement of the Human Factor in Industry) 1917: Measurement of the Human Factor in Industry, To be presented at the national conference of the Western Efficiency Society, May 22-25, 1917.

Gilbreth, F. B. (Motion Study for the Handicapped) 1920: Motion Study for the Handicapped, George Routeledge & Sons Ltd., London, 1920.

Gilbreth, F. B. (Motion Study) 1911: Motion Study, D. Van Nostrand Company, New York, 1911.

Gilbreth, F. B. (Primer of Scientific Management) 1912: Primer of Scientific Management, D. Van Nostrand Company, New York, 1911.

Gilbreth, F. B. (Process Charts) 1921: Process Charts, To be presented at the Annual Meeting of The American Society of Mechanical Engineers, New York, December 5-9, 1921.

Gilbreth, L. M. (The Psychology of Management) 1914: The Psychology of Management, Sturgis & Walton Company, New York, 1914.

Gildemeister (Geschäftsbericht 2007) 2007: Geschäftsbericht 2007, Gildemeister Aktiengesellschaft, Bielefeld, 2007.

Godfrey-Smith, P. (Theory and reality) 2003: Theory and reality: an introduction to the philosophy of science, The University of Chicago Press, Chicago [u.a.], 2003.

Going, C. B. (The Principles of Industrial Engineering) 1911: The Principles of Industrial Engineering, Hill Publishing Co., London, 1911.

Gottschalk, S. (Dedicated Flexibility) 2006: Dedicated Flexibility: Komplexitätsoptimale Gestaltung manueller Serienmontage, Shaker, Aachen, 2006.

Günther H.-O./Mattfeld D. C./Suhl, L. (Supply Chain Management und Logistik) 2005: Supply Chain Management und Logistik: Optimierung, Simulation, Decision Support, Physica, Heidelberg, 2005.

Hack, T. K. (Simulationsgestützte Belegungsplanung in der Montage) 1997: Simulationsgestützte Belegungsplanung in der Montage unter Berücksichtigung der Unschärfe, Shaker, Aachen, 1997.

Harford, T. (Versuch, Irrtum und der Gott-Komplex) 2011: Versuch, Irrtum und der Gott-Komplex, TED Beitrag, URL: http://on.ted.com/Harford, Stand: 05.12.2013

Hartmann, M. (Entwicklung alternativer Montagekonzepte) 1993: Entwicklung alternativer Montagekonzepte für unterschiedliche Stückzahlenbereiche, Studienarbeit RWTH Aachen, 1993.

Heizmann, J. (Soziotechnologische Ablaufplanung) 1981: Soziotechnologische Ablaufplanung verketteter Fertigungsnester zur Erhöhung der Flexibilität von Montage-Fließlinien, Dissertation Universität Karlsruhe, 1981.

Henderson, B. D. (Die Erfahrungskurve in der Unternehmensstrategie) 1974: Die Erfahrungskurve in der Unternehmensstrategie, Herder & Herder, Frankfurt, 1974.

Hieber, W. L. (Lern- und Erfahrungskurveneffekte) 1991: Lern- und Erfahrungskurveneffekte und ihre Bestimmung in der flexibel automatisierten Produktion, Vahlen, München, 1991.

Hoeschen, R. D. (Planung von Montagesystemen) 1978: Planung von Montagesystemen im Rahmen der technischen Investitionsplanung: Ein Beitrag zur Montageplanung für Unternehmen mit Einzel- und Serienfertigung, Dissertation RWTH Aachen, 1978.

Hoxie, R. F. (Scientific Management and Labor) 1915: Scientific Management and Labor, D. Appleton And Company, New York [u.a.], 1915.

Hull, C. L. (Principles of Behaviour) 1943: Principles of Behaviour: an introduction to behavior theory, Appleton-Century-Crofts, New York, 1943.

Hull, C.L. (A behaviour system) 1952: A behaviour system, Yale University Press, New Haven, 1952.

Hytönen, J. (Optimal workforce allocation for assembly lines) 2008: Optimal workforce allocation for assembly lines for highly customised low-volume products, In: International Journal of Services Operations and Informatics, 2008, 3. Jg., Nr. 1, S. 28-39.

Ingalls, R. G. (Introduction to Simulation) 2002: Introduction to Simulation, In: Yücesan, E./Chen, C. -H/Snowdon, J. L./Charnes, J. M. (Hrsg.): Proceedings of the 2002 Winter Simulation Conference, 2002.

Kaihara, T. et al. (Optimized Scheduling) 2012: A proposal on optimized scheduling methodology and its application to an actual-scale semiconductor manufacturing problem, In: CIRP Annals - Manufacturing Technology, 2012, 61. Jg., Nr. 1, S. 467–470.

Kalde, M. (Festlegung der Flexibilität in der Montage) 1987: Methodik zur Festlegung der Flexibilität in der Montage: Ein Beitrag zur Planung anforderungsgerechter Handhabungs- und Montageeinrichtungen für Unternehmen mit variantenreicher Serienproduktion, Dissertation RWTH Aachen, 1987.

Kamprad, I. (Das Testament eines Möbelhändlers) 2007: Das Testament eines Möbelhändlers, Inter IKEA Systems B.V., 2007.

Kapuria-Foreman, V./McCann, C. R. (Scientific Management and Labor) 2011: Robert Franklin Hoxie and the Road to Scientific Management and Labor, Summer Institute for the History of Economic Thought, June 24, 2011.

Keiml, M. (Simulationsmodell einer variablen Kleinserienfertigung) 2008: Simulationsmodell einer variablen Kleinserienfertigung an Hand eines praktischen Beispiels, Diplomarbeit Universität Wien, 2008.

Kidwell, R./Bennett, N. (Employee Propensity to Withhold Effort) 1993: Employee Propensity to Withhold Effort: A Conceptual Model to Intersect Three Avenues of Research, In: The Academy of Management Review, 1993, 18. Jg., Nr. 3, S. 429-456.

Kiggundu, M. (Task Interdependence and the Theory) 1981: Task Interdependence and the Theory of Job Design, In: The Academy of Management Review, 1981, 6. Jg., Nr. 3, S. 499-508.

Kirchler, E. (Arbeits- und Organisationspsychologie) 2008: Arbeits- und Organisationspsychologie, Band 1, 2. Aufl., Facultas, Wien, 2011.

Klöpper, H.-J. (Logistikorientiertes strategisches Management) 1991: Logistikorientiertes strategisches Management - Erfolgspotential im Wettbewerb, TÜV Rheinland, Köln, 1991.

Köhler, R. (Disposition und Materialbereitstellung) 1997: Disposition und Materialbereitstellung bei komplexen Kleinserienprodukten, Springer, Berlin [u.a.], 1997.

Kosmas, I. (Strategien und Hilfsmittel für die Montagevorbereitung)1988: Strategien und Hilfsmittel für die Montagevorbereitung in Unternehmen der Einzel- und Kleinserienproduktion, Dissertation RWTH Aachen, 1988.

Kruse, P. (05 Wie reagieren Menschen auf wachsende Komplexität ?) 2008: 05 Wie reagieren Menschen auf wachsende Komplexität ?, Video, URL: http://www.youtube.com/watch?v=m3QqDOeSahU&feature=share&list=PL7423D97DB2A581E3&index=1, Stand: 05.12.2013

Kühn, W. (Digitale Fabrik: Fabriksimulation für Produktionsplaner) 2006: Digitale Fabrik: Fabriksimulation für Produktionsplaner, Hanser, München u.a., 2006.

Kupke, E. (Vom Schätzen des Leistungsgrades) 1943: Vom Schätzen des Leistungsgrades: Ein Beitrag zur systematischen Ausbildung von Zeitstudienmännern im Industriebetrieb, Buchholz & Weißwange, Berlin, 1943.

Laarmann, A. (Lerneffekte in der Produktion) 2005: Lerneffekte in der Produktion, DUV, Wiesbaden, 2005.

Lassalle, S. (A study of in-process waiting time) 2007: A study of in-process waiting time on a linear walking worker assembly line, In: Proceedings of the Institution of Mechanical Engineers, Part B: Journal of Engineering Manufacture, 221. Jg., Nr. 12, S. 1763-1770.

Layne, M. E. (Women in Engineering) 2009: Women in Engineering, American Society Of Civil Engineers, Reston, 2009.

Lehman, F. (Störungsmanagement in der Einzel- und Kleinserienmontage) 1992: Störungsmanagement in der Einzel- und Kleinserienmontage, Shaker, Aachen, 1991.

Leopold, N. (Planungsverfahren zur Kapazitätsabstimmung) 1997: Ein Planungsverfahren zur Kapazitätsabstimmung für Modell-Mix-Montagelinien am Beispiel einer Automobil-Endmontage, Springer, Berlin [u.a.], 1997.

Liden, R./Wayne, S. et al. (Social Loafing) 2004: Social Loafing: A Field Investigation, In: Journal of Management, 2004, 30. Jg., Nr. 2, S. 285-304.

Liebau, H. (Die Lernkurvenmethode) 2002: Die Lernkurvenmethode, Ergonomia, Stuttgart, 2002.

Liker, J. K. (The Toyota Way) 2004: The Toyota Way: 14 Management Principles from the World's Greatest Manufacturer, McGraw-Hill, New York [u.a.], 2004.

Lotter, B./Hartel, M. et al. (Manuelle Montage) 1998: Manuelle Montage - wirtschaftlich gestalten: Neuzeitliche Analysen und Planungsmethoden zur Montagerationalisierung, Expert Verlag, Renningen-Malmsheim, 1998.

Lotter, B./Wiendahl, H.-P. (Montage in der industriellen Produktion) 2006: Montage in der industriellen Produktion: Ein Handbuch für die Praxis, 2. Aufl., Springer, Berlin [u.a.], 2006.

Luhmann, Niklas (Einführung in die Systemtheorie) 2004: Einführung in die Systemtheorie, 2. Aufl., Carl-Auer, Heidelberg, 2004.

Lundberg, Erik (Produktivitet och räntabilitet) 1961: Produktivitet och räntabilitet: studier i kapitalets betydelse inom svenskt näringsliv, Studieförbundet Näringsliv och Samhälle, Stockholm, 1961.

Lutz, L. (Abtakten von Montagelinien) 1974: Abtakten von Montagelinien, In: Warnecke, H. J. (Hrsg.): Produktionstechnik heute, Bd. 8, Otto Krausskopf-Verlag, Mainz, 1975.

Malik, F. (Systemisches Management, Evolution, Selbstorganisation) 2000: Systemisches Management, Evolution, Selbstorganisation: Grundprobleme, Funktionsmechanismen und Lösungsansätze für komplexe Systeme, 2. überarb. Aufl., Haupt, Bern u.a., 2000.

Markus, A. (Production Balancing by Emergent Rules) 1999: Production Balancing by Emergent Rules, In: Proceedings of the international workshop on emergent synthesis, IWES '99, Kobe, 1999.

März, L./von Langsdorff, P. (Flexibilität und Marktorientierung in der Montage) 2001: Flexibilität und Marktorientierung in der Montage-, In: Westkämper, E./ Bullinger, H.-J. et al. (Hrsg.): Montageplanung: effizient und marktgerecht, Springer, Berlin [u.a.], 2001

Maynard, H. B./Stegemerten, G. J. et al. (Methods-Time Measurement) 1948: Methods-Time Measurement, McGraw-Hill Book Company, New York [u.a.], 1948.

Mayo, G. E. (Industrial Civilization) 2005: The Human Problems of an Industrial Civilization, The Macmillan Company, New York [u.a.], 2005.

McMurray, E. J. (Notable Twentieth Century Scientists) 1995: Notable Twentieth Century Scientists, Gale Research Inc., New York [u.a.], 1995.

Mees, B. (Mind, Method and Motion) 2013: Mind, Method and Motion: Frank and Lillian Gilbreth, In: Warner M (Hrsg.): The Oxford Handbook Of Management Theorists, 2013.

Meijbomm, B./Vos, B. (Balancing configuration and coordination) 1997: International Manufacturing And Location Decisions: Balancing Configuration And Co-Ordination Aspects, In: International Journal of Operations & Production Management, 1997, 17. Jg., Nr. 8, S. 790-805.

Merz, K. P. (Planung der Struktur automatisierter Montagesysteme) 1987: Entwicklung einer Methode zur Planung der Struktur automatisierter Montagesysteme, Shaker, Aachen, 1987.

Meyenberg, F. (Der Mensch im Betrieb) 1931: Der Mensch im Betrieb, Heft 9, Deutscher Stahlbau-Verband, Braunschweig, 1972.

Meyenberg, F. (Organisation von Maschinenfabriken) 1913: Einführung in die Organisation von Maschinenfabriken, Springer, Berlin, 1913.

Mierach, M. (MTM - Von Anfang an richtig) 2002: MTM - Von Anfang an richtig, Deutsche MTM e.V., Hamburg, 2002.

Miese, M. (Systematische Montageplanung) 1973: Systematische Montageplanung in Unternehmen mit Einzel und Kleinserienproduktion, Disserattion TH Aachen, 1973.

Mok, H.-S. (Sensoren für automatische Montagesysteme) 1986: Ein System zur Auswahl von Sensoren für automatische Montagesysteme, Dissertation RWTH Aachen, 1986.

Monden, Y. (Toyota Production System) 1998: Toyota Production System: An Integrated Approach to Just-In-Time, 3. Aufl., Engineering & Management Press, Georgia, 1998

Mostert, C. H. (Fabrik-Umfeld Simulationsmodell) 2007: Fabrik-Umfeld Simulationsmodell zur kennzahlenbasierten Bewertung von Produktionsstrategien, In: Hesselbach, J. (Hrsg.): Produkion & Energie, Bd. 2, Fabrik-Umfeld Simulationsmodell, Kassel University Press, Kassel, 2007.

Münsterberg, H. (Grundzüge der Psychotechnik) 1914: Grundzüge der Psychotechnik, Barth, Leipzig, 1914.

Nelson, D. (Scientific Management since Taylor) 1992: Scientific Management and the Transformation of University Business Education, In: Nelson, D. (Hrsg.): 2011, A Mental Revolution: Scientific Management since Taylor, Ohio State University Press, Columbus, S.77-101.

Nerdinger, F. W. (Arbeits- und Organisationspsychologie) 2008: Arbeits- und Organisationspsychologie, Springer, Heidelberg, 2008.

Nickel, R. (Logistische Modelle für die Montage) 2008: Logistische Modelle für die Montage, Dissertation Universität Bremen, 2008.

Noble, C. E. (The length-difficulty relationship in compound trial-and-error learning) 1957: The length-difficulty relationship in compound trial-and-error learning, In: Journal of Experimental Psychology, 1957, 54. Jg., Nr. 4, S. 246-252.

Nyhuis, P. (Beiträge zu einer Theorie der Logistik) 2008: Beiträge zu einer Theorie der Logistik, Springer, Berlin [u.a.], 2008.

Nyhuis, P./Wiendahl, H.-P. (Logistische Kennlinien) 2002: Logistische Kennlinien: Grundlagen, Werkzeuge und Anwendungen, 2. Aufl., Springer, Berlin, 2002.

Ohno, T. (The Toyota Production System) 1988: The Toyota Production System: Beyond Large-Scale Production, Productivity Press, New York, 1998.

Pareto, Vilfreo (Manuale di Economia Politica) 1919: Manuale di Economia Politica con una Introduzione alla Scienza Sociale, Societa Editrice Libraria, Mailand, 1919.

Petersen, T. (Organisationsformen der Montage) 2005: Organisationsformen der Montage: Theoretische Grundlagen, Organisationsprinzipien und Gestaltungsansatz, Shaker, Aachen, 2005.

Petzelt, D./Kolinke, F./Deuse, J. (Entkopplung von manuellen und automatisierten Arbeitsstationen) 2007: Simulation zur Entkopplung von manuellen und automatisierten Arbeitsstationen, In: PPS Management, 2007, 12. Jg., Nr. 2, S. 28-31.

Pias, Claus (Cybernetics - Kybernetik) 2003: Cybernetics - Kybernetik: The Macy-Conferences 1946-1953, Band 1, 1. Aufl., diaphanes, Zürich-Berlin, 2003.

Popper, Karl (Logik der Forschung) 1984: Logik der Forschung, Mohr Siebeck, Tübingen, 1984.

Praca, I./Ramos, C. (Simulation For Balancing of Assembly Lines) 1999: Multi-Agent Simulation For Balancing of Assembly Lines, Proceedings of the 1999 IEEE International Symposium on Assembly and Task Planning, Porto, July 1999.

Price, B. (Motion Study) 1989: Frank and Lillian Gilbreth and the Manufacture and Marketing of Motion Study, 1908-1924, In: Business And Economic History, 1989, 18. Jg., S. 88-98.

Refa (Arbeitsstudium heute und morgen) 1963: Arbeitsstudium heute und morgen: Festschrift zum 70. Geburtstag von Prof. Dr.-Ing. E. Bramesfeld, Beuth-Vertrieb, Berlin [u.a.], 1963.

Refa (Methodenlehre des Arbeitsstudiums) 1972: Methodenlehre des Arbeitsstudiums: Teil 1 Grundlagen, 2. Aufl., Carl-Hanser, München, 1972.

Reinhart, G./Schneider, B. (Montage) 1996: Montage, In: Kern, W. (Hrsg.): Handwörterbuch der Produktionswirtschaft, Schäffer-Poschel, Stuttgart, 1996.

Riedel, J. (Arbeitsunterweisung) 1951: Arbeitsunterweisung, In: Das REFA-Buch, Bd.4, Carl-Hanser, München, 1951.

Rohmert, W./Kirchner, J.-H. (Anlernung sensumotorischer Fertigkeiten in der Industrie) 1969: Anlernung sensumotorischer Fertigkeiten in der Industrie: Ergebnisse einer Industriebefragung, Beuth-Vertrieb, Berlin u.a., 1969.

Rother, M. (Die Kata des Weltmarktführers) 2009: Die Kata des Weltmarktführers: Toyotas Erfolgsmethoden, Campus, Frankfurt [u.a.], 2009.

Rother, M. (Kontinuierliche Fließfertigung Organisieren) 2004: Kontinuierliche Fließfertigung Organisieren: Praxisleitfaden zur Einzelstück-Fließfertigung für Manager, Ingenieure und Meister in der Produktion, 2004.

Rother, M./Shook, J. (Learning to see) 1999: Learning to see: Value stream mapping to add value and eliminate muda, The Lean Enterprise Institute, Massachusetts, 1999.

Schmidt, S. J. (Beobachtungsmanagement) 2010: Beobachtungsmanagement: Über die Endgültigkeit der Vorläufigkeit, Hörbuch, supposé, 2010.

Schmidt, S. J. (Eine Philosophie der Geschichten & Diskurse) 2003: Eine Philosophie der Geschichten & Diskurse: Abschied vom Konstruktivismus, In: Löffelholz, M./Quandt, T. (Hrsg.): Die neue Kommunikationswissenschaft: Theorien, Themen und Berufsfelder im Internet-Zeitalter. Eine Einführung, Westdt. Verlag, Wiesbanden, 2003.

Schmidt, S. J. (Unternehmenskultur) 2003: Unternehmenskultur: Die Grundlage für den wirtschaftlichen Erfolg von Unternehmen, Velbrück Wissenschaft, Weilerswist, 2003.

Scholl, A. (Balancing and Sequencing of Assmebly Line) 1999: Balancing and Sequencing of Assmebly Line, Physica, Heidelberg, 1999.

Scholl, A./Becker, C. (Simple assembly line balancing) 2006: State-of-the-art exact and heuristic solution procedures for simple assembly line balancing, In: European Journal Of Operational Research, 2006, 168. Jg., Nr.3, S.669-693.

Scholl, A./Klein, R. (Balancing assembly lines effectively) 1999: Balancing assembly lines effectively: A computational comparison, In: European Journal of Operational Research, 1999, 114. Jg., Nr. 1, S. 50-58.

Schöninger, J. (Planung taktzeitoptimierter flexibler Montagestationen) 1989: Planung taktzeitoptimierter flexibler Montagestationen, Springer, Berlin [u.a.], 1989.

Schrödinger, E. (Was ist Leben?) 1989: Was ist Leben?: Die lebende Zelle mit den Augen des Physikers betrachtet, 3. Aufl., Piper, München, 1989.

Schuh, G. et.al. (Design for Changeability) 2009: Design for Changeability, In: ElMaraghy, H. A. (Hrsg.): Changeable and Reconfigurable Manufacturing Systems, Springer, London, 2009, S. 251 - 266.

Schuler, H. (Lehrbuch der Personalpsychologie) 2006: Lehrbuch der Personalpsychologie, 2. überarb. und erw. Aufl., Hogrefe, Göttingen, 2006.

Shingo, S. (A Study of the Toyota Production System) 1989: A Study of the Toyota Production System from an Industrial Engineering Viewpoint, Productivity Press, Cambridge, 1989.

Shingo, S. (The SMED System) 1985: A Revolution in Manufacturing: The SMED System, Productivity Press, Cambridge, 1985.

Shingo, S. (Zero Quality Control) 1986: Zero Quality Control: Source Inspection and the Poka-Yoke System, Productivity Press, Cambridge, 1986.

Siebers, P.-O. (Worker Performance Modeling in Manufacturing Systems Simulation) 2006: Worker Performance Modeling in Manufacturing Systems Simulation: Proposal for an Agent-Based Approach, In: Rennard, J. -P (Hg.): Handbook of Research on Nature Inspired Computing for Economy and Management, Idea Group Publishing, Pennsylvania, 2006.

Spath, D. et al. (Produktionsarbeit der Zukunft - Industrie 4.0) 2013: Produktionsarbeit der Zukunft - Industrie 4.0, Fraunhofer Verlag, Stuttgart, 2013.

Staehle, W. (Organisation und Führung sozio-technischer Systeme) 1973: Organisation und Führung sozio-technischer Systeme, Enke, Stuttgart, 1973.

Stewart, G./Murray, R. (Team Structure and Performance) 2000: Team Structure and Performance: Assessing the Mediating Role of Intrateam Process and the Moderating Role of Task Type, In: The Academy of Management Journal, 2000, 43. Jg., Nr. 2, S. 135-148.

Stolz, N. W. (Materialbereitstellung in der Montage) 1988: Materialbereitstellung in der Montage: Ein Beitrag zum Aufbau einer anforderungsgerechten Materialbewirtschaftung der Montage in Unternehmen mit Einzel- und Kleinserienproduktion, Dissertation RWTH Aachen, 1988.

Takeda, H. (Das Synchrone Produktionssystem) 1999: Das Synchrone Produktionssystem Just-in-time für das ganze Unternehmen, 2. Aufl., Moderne Industrie AG, Landshut, 1999.

Takeda, H. (Das System der Mixed Produktion) 1996: Das System der Mixed Produktion, Moderne Industrie AG, Landshut, 1996.

Takeda, H. (Low Cost Intelligent Automation) 2004: LCIA Low Cost Intelligent Automation: Produktivitätsvorteile durch Einfachautomatisierung, SPS Management Consultants Deutschland GmbH, Bochum, 2004.

Tan, H. H./Tan, M. L. (Organizational Citizenship Behavior and Social Loafing) 2008: Organizational Citizenship Behavior and Social Loafing: The Role of Personality, Motives, and Contextual Factors, In: The Journal of Psychology, 2008, 142. Jg., Nr. 1, S. 89–108.

Taylor, F. W. (Shop Management) 1911: Shop Management, Plimpton Press, USA, 1911.

Taylor, F. W. (The Principles of Scientific Management) 1913: The Principles of Scientific Management, Harper & Brothers Publishers, New York [u.a.], 1913.

Thomas, Edwin J. (Effects of Facilitative Role Interdependence on Group Functioning) 1957: Effects of Facilitative Role Interdependence on Group Functioning, In: Human Relations, 1957, 10. Jg., S. 347–366.

Toyota (The Toyota Production System) 1998: The Toyota Production System, Toyota Motor Company Corporation, Japan, 1998.

Trumpf (Alles fließt) 1999: Alles fließt: Moderne Abkantpressen werden in Fließmontage produziert, In: bbr, 1999, No. 11.

Ulrich, H. (Wirtschaftswissenschaftler): URL: http://de.wikipedia.org/wiki/Hans_Ulrich_%28Wirtschaftswissenschaftler%29, Stand: 11.07.2013

Ulrich, H./Dyllick, T./ Probst, G. (Management) 1984: Management, Haupt, Bern [u.a.], 1984.

Umstätter, C. (Tier-Technik-Beziehung bei der automatischen Milchgewinnung): URL: http://edoc.hu-berlin.de/dissertationen/umstaetter-christina-2002-06-04/HTML/umstaetter-ch2.html, Stand: 11.07.2013

Ungeheuer, U. (Produkt- und Montagestrukturierung) 1985: Produkt- und Montagestrukturierung: Methodik zur Planung einer anforderungsgerechten Produkt- und Montagestruktur für komplexe Erzeugnisse der Einzel- und Kleinserienproduktion, VDI-Verlag, Düsseldorf, 1985.

VDA (Jahresbericht) 2013: Jahresbericht, Verband der Automobilindustrie, 2013.

VDI (Erfolgreiches Störungsmanagement in der Einzel- und Kleinserienmontage) 1993: Erfolgreiches Störungsmanagement in der Einzel- und Kleinserienmontage, VDI-Verlag, Düsseldorf, 1993.

VDI-Richtlinie 2815 (Begriffe für die Produktionsplanung und -steuerung) 1978: Begriffe für die Produktionsplanung und -steuerung: Betriebsmittel, VDI-Verlag, Düsseldorf, 1978.

VDMA (Maschinenbau behauptet sich in rauem Umfeld): Maschinenbau behauptet sich in rauem Umfeld, VDMA Nachrichten, Nr.1, 2013.

Volpert, W. (Sensumotorisches Lernen) 1971: Sensumotorisches Lernen: Zur Theorie des Trainings in Industrie und Sport, 1. Aufl., Limpert, Frankfurt a. M., 1971.

von Foerster, H. (2 x 2 = Grün) 2011: 2 x 2 = Grün, Hörbuch, supposé, 2011.

von Foerster, H. (KybernEthik) 1993: KybernEthik, Merve, Berlin, 1993.

von Glasersfeld, E. (Piaget and the radical constructivist epistemology) 1974: Piaget and the radical constructivist epistemology, In: Epistemology and education, Follow Through Publications, Athen, 1974.

Wacker, P.-A. (Die Erfahrungskurve in der Unternehmensplanung) 1980: Die Erfahrungskurve in der Unternehmensplanung: Analyse und empirische Überprüfung, Florenz, München, 1980.

Warner, M./ Witzel M. (Management Theorists) 2013: The Oxford Handbook Of Management Theorists, Oxford University Press, Oxford, 2013.

Watzlawick, P. (Anleitung zum Unglücklichsein) 1983: Anleitung zum Unglücklichsein, 11. Auflage, R. Piper & Co., München, 1983.

Weigert, G./Henlich, T. (Scheduling of assembly operations and logistics) 2008: Simulation-based scheduling of assembly operations and logistics, Flexible Automation and Intelligent Manufacturing, FAIM 2007, Philadelphia, USA, 2008.

Wibbe, J. (Arbeitsbewertung) 1953: Entwicklung,Verfahren und Probleme der Arbeitsbewertung, In: Böhrs, H./Bramesfeld, E./Euler, H. (Hrsg.): Grundlagen und Praxis des Arbeits- und Zeitstudiums, Bd.6, Carl Hanser, München, 1953.

Wiendahl, H.-P./Gerst, D. et al. (Variantenbeherrschung in der Montage) 2004: Variantenbeherrschung in der Montage: Konzept und Praxis der flexiblen Produktionsendstufe, Springer, Berlin [u.a.], 2004.

Wikipedia (Fundamental interaction) URL: http://en.wikipedia.org/wiki/Fundamental_interaction, Stand: 17.01.2014.

Wirtgen Group ("Takt"isch klug: Wirtgen führt Fließfertigung ein) 2007: "Takt"isch klug: Wirtgen führt Fließfertigung ein, In: Forum, 2007, No. 34, S. 9.

Witthoff, J. (Kalkulatorischer Verfahrensvergleich) 1956: Der kalkulatorische Verfahrensvergleich insbesondere die Wirtschaftlichkeitsberechnung, Carl-Hanser, München, 1956.

Womack, J. (Value Stream Mapping) 2006: Value Stream Mapping, In: Manufacturing Engineering, 2006, 136. Jg., Nr. 5, S. 145-156.

Womack, J./Jones, D. (Lean Thinking) 2004: Lean Thinking: Ballast abwerfen, Unternehmensgewinne steigern, Campus, Frankfurt [u.a.], 2004.

Womack, J./Jones, D. (Seeing the whole) 2002: Seeing the whole, The Lean Enterprise Institute, Massachusetts, 2002.

Womack, J./Jones, D. T./Roos, D. (The Machine That Changed The World) 1991: The Machine That Changed The World: The Story of Lean Production, Harper Perennial, 1991.

Wren, D. A. (Scientific Management) 2011: The Centennial of Frederick W. Taylor's The Principles of Scientific Management: A Retrospective Commentary, In: Journal of Business and Management, 2011, 17. Jg., Nr.1, S.11-22.

Wriggers, F./Schmidt, M./Grapentin, J./Nyhuis, P. (Logistische Kennlinien für Lagerprozesse) 2007: Logistische Kennlinien für Lagerprozesse, In: wt Werkstatttechnik online, 2007, 97. Jg., Nr. 9, S. 657-662.

Wright, T. P. (Factors affecting the cost of airplanes) 1936: Factors affecting the cost of airplanes, In: Journal of the Aeronautical Science, 1936, 3. Jg., Nr. 4, S. 122-128.

Zäh, M. F. (Fundamentale Kostensenkung in der Montage!) 2004: Fundamentale Kostensenkung in der Montage!, In: wt Werkstatttechnik online, 2004, 94. Jg., Nr. 9, S. 383.

Zozo, A.-C. (Die rollende Fabrik) 2009: Die rollende Fabrik: Homag AG in neuem Rhythmus, In: Produktion, 2009, No. 20, S. 10.

.

10 Anhang

10.1 Screenshot des Simulationsmodells in Plant Simulation

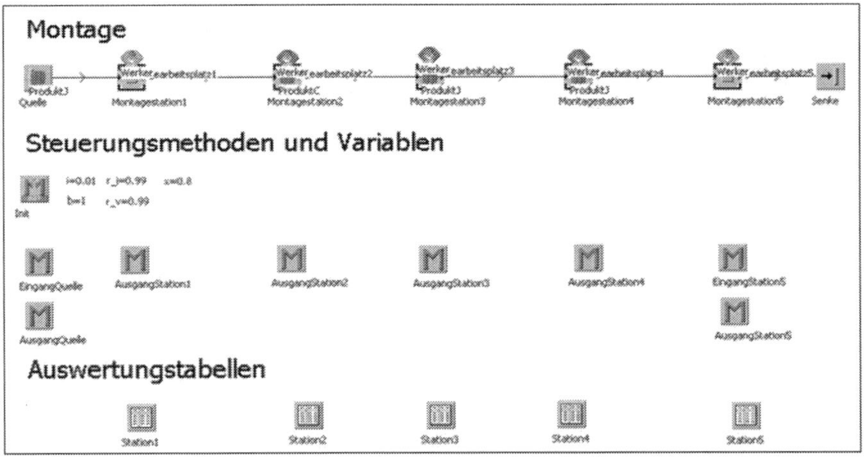

Abbildung 10.1: Aufbau des Simulationsmodells in Plant Simulation

10.2 Quellcode

```
--Methode der Station3 aus Fall 2
is
 | --Variableninitialisierung
 | AnzahlNachbarn:Integer; -- Speichert Anzahl zu berücksichtigender Nachbarn
 | k:integer; -- Laufvariable
```

```
| j:integer; -- Laufvariable
| SummeBetraege_Delta_t_M_i:real; --Variable für Zwischenwert
| Anteil_Betrag_Delta_t_M_i:real; --Variable für Zwischenwert
| Summe_delta_t_M_i_gr0:real; -- Variable für Zwischenwert
| Summe_delta_t_M_i_kl0:real; -- Variable für Zwischenwert
| l_i_max_gr0:real; --Variable für Zwischenwert
| l_i_max_kl0:real; --Variable für Zwischenwert
| delta_t_M_i_gr0:real; --Variable für Zwischenwert
| delta_t_M_i_kl0:real; --Variable für Zwischenwert
| SummeBetraege_l_i:real; --Variable für Zwischenwert
| Anteil_Betrag_l_i:real; --Variable für Zwischenwert
| l_final:real; --Variable für Zwischenwert
| t_M_obereGrenze:real; --Variable für Zwischenwert
| t_M_untereGrenze:real; --Variable für Zwischenwert
| t_M_final:real;  --Variable für Zwischenwert
| T_i_final:real; --Variable für Zwischenwert
| T_v_final:real; --Variable für Zwischenwert
| Vorzeichen:integer; --Wert: entweder (-1) oder (1)
| Produktzeile_vor:integer; --Zeile des Produkts vor der aktuellen Station im Pro-
                duktprogramm
| Produktzeile_nach:integer; --Zeile des Produkts nach der aktuellen Station im
                Produktprogramm
| Produktzeile_aktuell:integer; --Zeile des Produkts auf der aktuellen Station im
                Produktprogramm
| ProduktSpezZaehler:integer; -- = N
do
| -- Variablendeklaration:
| AnzahlNachbarn:= 2; --Station2 und Station4
| --lege neuen Typ für Station3 fest
| Station3_Typ := @.Name;
| --speichere in Produktzeile_vor (oder Produktzeile_nach), in welcher Zeile das
                jeweilige zu beachtene Nachbarprodukt im Lieferprogramm steht
| --Zeile 1 = Produkt A. Danach wird jedoch +1 addiert, da in Werker3[1,1] der Ge-
                samtzähler steht.
| --Produktzeile_vor (nicht benötigt bei Station1)
| For k:=1 to Anzahl_Produkte loop
```

```
| | if Station1_Typ = Programm_Array[1,k] then --hier Typ der Station1, da der im
              nächsten Augenblick auf Station2 kommt und als Referenz gilt
| | | Produktzeile_vor:=k;
| | end;
| | next;
| --Produktzeile_nach
| For k := 1 to Anzahl_Produkte loop
| | if Station3_Typ = Programm_Array[1,k] then
| | | Produktzeile_nach:=k;
| | end;
| next;
| --speichere in Produktzeile_Station das Produkt der aktuellen Station (für die die
              Zeiten berechnet werden).
| For k := 1 to Anzahl_Produkte loop
| | if Station1_Typ = Programm_Array[1,k] then
| | | Produktzeile_aktuell:=k;
| | end;
| next;
| --zähle Produktspezifischen Zähler und Gesamtzähler einen hoch
| --Gesamtzähler dieser Station
| Werker3[1,1] := Werker3[1,1] +1;
| --Produktspezifisch
| Werker3[1, Produktzeile_aktuell+1]:= Werker3[1, Produktzeile_aktuell+1]+1;
| ProduktSpezZaehler:= Werker3[1, Produktzeile_aktuell+1];
| -- Berechnung beginnt:
| -- Berechnung von T_i und T_v, t_E und t_M (t_M nur von der aktuelle Station!)
| Werker3[4,1] := b*pow(ii,pow(r_i, ProduktSpezZaehler)); -- T_i für aktuelles Pro-
              dukt. Aktueller Produktspezifischer Zähler
| Werker3[4,2] := b*pow(ii,pow(r_v, ProduktSpezZaehler)); -- T_v für aktuelles Pro-
              dukt. Aktueller Produktspezifischer Zähler
| Werker3[4,3] := Station3[2, Produktzeile_aktuell];-- t_M des aktuellen Produkts
              auf Station1
| Werker3[4,4] := Station2_t[2,Produktzeile_vor]; -- von t_E von Station2
| --Startverhalten: Werte für Station4 werden erst berechnet, wenn dort 1 Teil ver-
              arbeitet wurde.
| if Werker3[1,1] > 1 then
```

```
| | Werker3[5,1] := b*pow(ii,pow(r_i, ProduktSpezZaehler)); -- T_i für aktuelles
            Produkt. Aktueller Produktspezifischer Zähler
| | Werker3[5,2] := b*pow(ii,pow(r_v, ProduktSpezZaehler)); -- T_v für aktuelles
            Produkt. Aktueller Produktspezifischer Zähler
| | Werker3[5,3] := Station3[2, Produktzeile_aktuell]; -- t_M des aktuellen Produkts
            auf Station1
| | Werker3[5,4] := Station4_t[2,Produktzeile_nach]; -- von t_E von Station2

| else
| | AnzahlNachbarn:=1;
| end;
| -- schreibe t_M in Finalspalte
| Werker3[3,3] := Werker3[4,3];
| -- berechne delta_t_M_i: Formel:     [ t_E^2  *  (1-x)^2  *         (T_i + T_v) ]
            / [ t_E     -  t_M     ) * 2 ]
| -- falls ein t_E_i - t_M = 0 so setze das betreffende delta_t_M_i auf 0
| j:=0;
| -- delta_t_M_i für jeden Nachbarn
| while j <= AnzahlNachbarn - 1 loop -- 0 bis 2 für 3 Nachbarn
| | if (Werker3[4+j,4]-Werker3[4+j,3]) = 0 then
| | | Werker3[4+j,5] := 0 ;
| | else -- wenn t_E_i - t_M /= 0 ist, berechne delta_t_M_i
| | | Werker3[4+j,5] := (pow(Werker3[4+j,4],2) * pow((1-x),2) * (Werker3[4+j,1] +
            Werker3[4+j,2])) / ((Werker3[4+j,4]-Werker3[4+j,3]) *2);
| | end;
| | j := j+1;
| end;
| -- berechne alle l_i
| -- berechne l = t_E - t_M (anteilig, vgl T_v, T_i)
| j:=0;
| -- schreibe alle l_i
| while j <= AnzahlNachbarn - 1 loop -- 0 bis 2 => 3 Nachbarn
| | --   l_i   =   t_E_i  -  t_M
| | Werker3[4+j,11] := Werker3[4+j,4] - Werker3[4+j,3];
| | j:=j+1;
| end;
| --summiere alle delta_t_M_i, die >0 sind
```

```
| j:=0;
| Summe_delta_t_M_i_gr0 := 0;
| while j <= AnzahlNachbarn - 1 loop -- 0 bis 2 => 3 Nachbarn
| | if Werker3[4+j,5] > 0 then
| | | Summe_delta_t_M_i_gr0 := Summe_delta_t_M_i_gr0 + Werker3[4+j,5];
| | end;
| j:=j+1;
| end;
| --summiere alle delta_t_M_i, die <0 sind
| j:=0;
| Summe_delta_t_M_i_kl0 := 0;
| while j <= AnzahlNachbarn - 1 loop -- 0 bis 2 => 3 Nachbarn
| | if Werker3[4+j,5] < 0 then
| | | Summe_delta_t_M_i_kl0 := Summe_delta_t_M_i_kl0 + Werker3[4+j,5];
| | end;
| j:=j+1;
| end;
| -- finde l_i_max (>0)
| j:=0;
| l_i_max_gr0 := 0;
| while j <= AnzahlNachbarn - 1 loop -- 0 bis 2 => 3 Nachbarn
| | if Werker3[4+j,11] > l_i_max_gr0 then
| | | l_i_max_gr0 := Werker3[4+j,11];
| | end;
| j:=j+1;
| end;
| -- finde l_i_max (<0)
| j:=0;
| l_i_max_kl0 := 0;
|  while j <= AnzahlNachbarn - 1 loop -- 0 bis 2 => 3 Nachbarn
| | if Werker3[4+j,11] < l_i_max_kl0 then
| | | l_i_max_kl0 := Werker3[4+j,11];
| | end;
| j:=j+1;
| end;
| -- prüfe nun, ob Summe_Delta_t_M_i_gr0 größer als l_i_max ist. Falls ja, setze
                l_i_max als Delta_t_M_i_gr0
```

```
| delta_t_M_i_gr0 := 0;
| if Summe_delta_t_M_i_gr0 > l_i_max_gr0 then
| | delta_t_M_i_gr0 := l_i_max_gr0;
| else
| | delta_t_M_i_gr0 := Summe_delta_t_M_i_gr0;
| end;
| -- prüfe nun, ob Summe_Delta_t_M_i_kl0 kleiner als l_i_min ist. Falls ja, setze
                l_i_min als Delta_t_M_i_kl0
| delta_t_M_i_kl0 := 0;
| if Summe_delta_t_M_i_kl0 < l_i_max_kl0 then
| | delta_t_M_i_kl0 := l_i_max_kl0;
| else
| | delta_t_M_i_kl0 := Summe_delta_t_M_i_kl0;
| end;
| -- setze delta_t_M
| Werker3[3,14] :=            delta_t_M_i_gr0 + delta_t_M_i_kl0 ;
| --berechne SummeBetraege_l_i
| j := 0;
| SummeBetraege_l_i := 0;
| -- berechne SummeBetraege_Delta_t_M_i
| while j <= AnzahlNachbarn - 1 loop -- 0 bis 2 => 3 Nachbarn
| | SummeBetraege_l_i := SummeBetraege_l_i + abs(Werker3[4+j,11]);
| | j:=j+1;
| end;
| -- berechne l_final
| j:=0;
| l_final:= 0;
| while j <= AnzahlNachbarn - 1 loop -- 0 bis 2 => 3 Nachbarn
| | Anteil_Betrag_l_i := abs(Werker3[4+j,11]) / SummeBetraege_l_i; -- schreibe An-
                teil des aktuellen Betrag_Delta_t_M_i an
                Summe_Betraege_Delta_t_M_i
| | -- T_i_final = T_i_final +        Anteil     *     T_i_i
| | l_final := l_final + Anteil_Betrag_l_i * (Werker3[4+j,11]);
| | j:=j+1;
| end;
|  --l_final
| Werker3[3,11] := l_final;
```

```
| -- bestimme delta_t_M_Final          = Minimum der Beträge von (l, delta_t_M)
                    (!Vorzeichen noch
nicht korrekt!)
| Werker3[3,15] := min(Abs(Werker3[3,11]), abs(Werker3[3,14]));
| -- bestimme Vorzeichenkorrektes delta_t_M_final und t_M_final
| --prüfe, ob l delta_t_M_final ist und bestimme Vorzeichen
| if Werker3[3,15] = Abs(Werker3[3,11]) And Werker3[3,11] < 0 then
| | Vorzeichen:= -1;
| elseif Werker3[3,15] = Abs(Werker3[3,11]) And Werker3[3,11] > 0 then
| Vorzeichen:= 1;
| --prüfe, ob delta_t_M delta_t_M_final ist und bestimme Vorzeichen
| elseif          Werker3[3,15] = Abs(Werker3[3,14]) And Werker3[3,14] < 0 then
| | Vorzeichen:= -1;
| elseif          Werker3[3,15] = Abs(Werker3[3,14]) And Werker3[3,14] > 0 then
| | Vorzeichen:= 1;
| end;
| --bestimme vorzeichenkorrektes delta_t_M_final
| Werker3[3,15] := Vorzeichen * Werker3[3,15];
| --bestimme t_M_final
| t_M_final:=0;
| -- prüfe, ob t_M_final in den Grenzen von x ist. Falls Grenze überschritten wird,
                    setze den x-Wert
| t_M_obereGrenze  := Werker3[3,3] * (1 + (1-x));
| t_M_untereGrenze := Werker3[3,3] * (1 - (1-x));
| -- prüfe, ob t_M_final innerhalb der Grenzen liegt. Falls nicht, setze entsprechende
                    Maximalwerte
| --t_M_final
| if t_M_untereGrenze <= (Werker3[3,3] + Werker3[3,15]) AND (Werker3[3,3] +
                    Werker3[3,15]) <= t_M_obereGrenze then
| | --t_M_final wie berechnet
| | t_M_final:= Werker3[3,3] + Werker3[3,15];
| else
| | -- t_M_final = obere Grenze
| | if (Werker3[3,3] + Werker3[3,15]) > t_M_obereGrenze then
| | | Werker3[3,15]:= t_M_obereGrenze - Werker3[3,3]; -- delta_t_M_final aktua-
                    lisieren
| | | t_M_final:= t_M_obereGrenze; -- t_M_final schreiben
```

```
| | else -- t_M_final = untere Grenze
| | | Werker3[3,15]:= t_M_untereGrenze - Werker3[3,3]; -- delta_t_M_final aktua-
          lisieren
| | | t_M_final:= t_M_untereGrenze; -- t_M_final schreiben
| | end;
| end;
| --nur bei dynamischer Berechnung wird der Wert auch eingetragen. Sonst nix
          (hier gelten dann die Anfangszeiten)
| if statisch = false then
| | -- dynamisch
| | Werker3[3,17]:= t_M_final;
| | Station3_t[2,Produktzeile_aktuell]:= t_M_final;
| else
| | --statisch:
| end;
end;
```

11 Lebenslauf

Persönliches

Till Franz-Josef Potente, geb. am 13.03.1978 in Bochum,

Verheiratet mit Cathrin Wesch-Potente, zwei Kinder (Zwillinge)

Beruflicher Werdegang

Seit 01/2011	Leiter der Abteilung Produktionsmanagement (Oberingenieur) am WZL der RWTH Aachen
11/2008 – 12/2010	Leiter der Gruppe Produktionslogistik, Abteilung Produktionsmanagement am WZL der RWTH Aachen
Seit 03/2006	Wissenschaftlicher Mitarbeiter, am WZL der RWTH Aachen

Berufsbezogene Tätigkeiten

2005	Diplomarbeit: Komplexitätsgerechte Auslegung von Serienmontagen, am WZL der RWTH Aachen
2004	Studienarbeit: Untersuchung von Entwicklungstrends in der Automobilproduktion anhand von Expertenbefragungen, am WZL der RWTH Aachen
2002	Studienarbeit: Indikatoren für die Übernahme von Verantwortung durch die Mitarbeiter in einem mittelständischen IT-Unternehmen, am ZLW/ IMA der RWTH Aachen

Ausbildung

1998 – 2006	Studium Maschinenbau zum Dipl.-Ing. an der RWTH Aachen
1997	Abitur am Städtischen Gymnasium Bad Driburg

FSC
www.fsc.org
MIX
Papier | Fördert gute Waldnutzung
FSC® C083411

Kolibri 360 GmbH
Ferdinand-Jühlke-Straße 7
99095 Erfurt, Deutschland
produktsicherheit@kolibri360.de